T0191477

VIDA INDÓMITA

VIDA INDÓMITA

Aventuras de un biólogo evolutivo

Robert Trivers

Antoni Bosch editor

Antoni Bosch editor, S.A.U.
Manacor, 3, 08023, Barcelona
Tel. (+34) 93 206 07 30
info@antonibosch.com
www.antonibosch.com

Título original de la obra: *Wild Life*

ISBN: 978-84-94-6103-4-9
Depósito legal: B. 25.530-2016

Diseño de la cubierta: Compañía
Maquetación: JesMart
Corrección de pruebas: Raquel Sayas
Impresión: Prodigitalk

Impreso en España
Printed in Spain

En memoria de mi maestro,
William H. Drury, Jr

Índice

Estudiar la vida y vivirla

A un científico siempre se le plantean las alternativas de estudiar la vida y de vivirla, y yo siempre he querido que una no excluyera a la otra. Sin embargo, esto es exactamente lo que una vida dedicada a la ciencia te lleva a hacer: dedicarte plenamente al estudio y, aparte de esto, no vivir demasiado. Puedes tener una familia y algunos buenos amigos, claro, pero casi todos los científicos llevan una existencia sedentaria, a menudo solitaria y profundamente interior. Te concentras en experimentos y teorías y lees sin parar. Tu vida está centrada en tu pequeña área de estudio, algo que compartes solo con unos pocos. Lo cual no significa que no dispongas de oportunidades para tener interacciones sociales estimulantes, por supuesto. En las entrañas del Museo de Zoología Comparada de Harvard, con una hilera tras otra de especímenes en pasillos largos y oscuros, de vez en cuando un especialista en escarabajos se vuelve, agarra a una obsesa de los mosquitos cecidómidos, y por un momento delirante se produce tanto un congreso sociosexual como una mezcla de vidas basados en la biología propiamente dicha. Él estudiará escarabajos, ella mosquitos, codo con codo por el mundo. Nada de competición, solo complementación.

Sin embargo, nunca me atrajo este tipo de vida. A mí me gustaba mezclarme con todo el mundo, sin duda por naturaleza, y encima crecí en casa de un diplomático. Las lenguas y los países extranjeros formaron parte de mi educación. Como mi padre estaba destinado en Europa, recorrí más catedrales, museos y galerías de arte de lo que habría sido aconsejable para cualquier niño, y encima sin tener interés alguno en la cultura europea ni en las disciplinas académicas basadas en ella. No obstante, sí aprendí cinco idiomas y me lo pasaba bien conociendo gente en su tierra, hablando su lengua, aprendiendo sobre su ámbito cultural.

Cuando por fin encontré en la biología evolutiva mi hogar intelectual, este me ofreció precisamente el tipo adecuado de viaje al extranjero, lo rural, lo montaraz, lo exótico, lo salvaje. El tercer mundo, no el primero. La biología evolutiva me llevaría a todas partes. Y me enseñaría a extraer conocimientos de todo lo que experimentara en esos viajes mediante una lógica simple y muy general: ¿qué se vería favorecido por la selección natural? ¿Cómo sobreviviría y se reproduciría uno mejor en esas condiciones? Resumiendo, abracé un sistema de pensamiento que me permitió estudiar la vida y vivirla, a veces con gran intensidad.

Tenía veintidós años cuando aprendí lógica evolutiva, veintitrés cuando empecé a estudiar las aves en serio y veinticuatro cuando hice mi primer viaje a la naturaleza salvaje. Era un hombre soltero. Estaba impaciente por ver qué había por ahí. Mi profesor de biología era una persona aficionada al Ártico, así que ese fue mi primer destino. Pero solo una vez. En cuanto abandoné el Ártico supe que no volvería; demasiado frío, demasiado duro, muy poca vida, y, claro, seguramente con una actividad social demasiado limitada. Supe que la próxima vez iría al sur. Y, en efecto, fui a Jamaica, donde he vivido dieciocho años.

También he estudiado la vida salvaje (y la vida humana) en Haití, Tanzania, Panamá, Barbados y Senegal. Pero, en cierto modo, Jamaica ha sido mi morada intelectual del mismo modo que lo ha sido la biología evolutiva. Me uní a la isla (mi patria de adopción) y a la vez «robé mujeres a la isla», como reza la expresión jamaicana. Mis cinco hijos son estadounidenses-jamaicanos. Habría podido fácilmente seguir la ruta del África occidental, como hicieron muchos biólogos evolutivos de la época; he pensado a menudo en lo diferente que habría sido entonces mi trayectoria vital en tal caso. De todos modos, la decisión de ir a Jamaica no evitó mi exposición a la violencia.

En términos evolutivos, la violencia está relacionada con efectos importantes e inmediatos en la supervivencia. A su vez, Jamaica es una sociedad violenta. Cuando decidí hacer allí mi trabajo de campo no lo sabía, por supuesto. De hecho, en 1970 me sorprendió conocer a un sociólogo alemán que estaba estudiando la violencia en la isla. Vaya, pensé, ¿un alemán está dispuesto a recorrer tantos kilómetros para estudiar eso? Será que está pasando algo interesante. Él no se lo podía creer. ¿No sabía yo que Jamaica era una de las sociedades más peligrosas del mundo? Pues no, ni idea. Jamaica, me aseguró, tenía uno de los índices de homicidios más altos del mundo. Y todavía lo tiene.

Es justo decir que mis décadas de trabajo de campo, sobre todo en Jamaica pero también en Panamá (e incluso Ámsterdam), conllevaron más experiencias cercanas a la muerte de las que habrán tenido la mayoría de los científicos. Me vi involucrado en robos a punta de pistola y a punta de cuchillo, sufrí una invasión armada en mi casa y participé en una pelea por la que fui acusado de agresión. También he sido catapultado a alturas demasiado elevadas para tener la supervivencia asegurada. Podrías llamarme desdichado, pero prefiero decir que el alfanje de la selección natural ha pasado siempre muy por encima de mi cabeza. En las páginas que siguen, he intentado capturar esta dimensión inusual de mis experiencias, donde la vida vivida y la vida estudiada se han fusionado en condiciones extremas: precisamente las condiciones que cabría esperar que revelaran con más claridad la dinámica subyacente a la evolución.

Mis experiencias cercanas a la muerte me han ayudado muchísimo a no privarme de vivir la vida al tiempo que la estudiaba. En cualquier caso, estas páginas contienen mucho más que los episodios y los personajes violentos con los que me he encontrado.

A lo largo del camino también he conocido mentes extraordinarias, desde mi inesperado profesor Bill Drury al legendario evolucionista Ernst Mayr, pasando por Huey Newton, ministro de Defensa de los Panteras Negras (tan brillante como peligroso), entre otros muchos. Aquí he intentado transmitir siquiera leves impresiones sobre estos seres humanos excepcionales y lo que significó para mí conocerlos.

Por último, he tratado de conectar mi vida con miembros de *otras* especies animales, procurando entenderlos desde dentro de su mundo e incluso hablarles en su propia lengua. En este libro he incluido, cuando lo he considerado pertinente, estas comunicaciones y estos puntos de vista lejanos, aunque a veces sorprendentemente familiares –de las aves y los monos, los lagartos y los chimpancés–.

Acaso a muchos les parezca extraña esta combinación de recuerdos: experiencias cercanas a la muerte, intelectos humanos fabulosos, la mente y la conducta de otros animales... Para mí, sin embargo, es la única combinación capaz de dar una idea clara de cómo he vivido y estudiado la vida; y de cómo, muy a menudo, estos empeños han llegado a ser indistinguibles. Esta es mi vida como biólogo evolutivo: animales, colegas evolutivos y experiencias límite, todo en uno.

1

Desde las matemáticas al paro pasando por la guerra de Vietnam

A los doce años sabía que quería ser científico porque, tras analizarlo detenidamente (estábamos en 1955), era obvio que ninguno de los otros ámbitos intelectuales –la historia, la religión, la literatura inglesa o las ciencias denominadas «sociales»– prometía demasiados progresos reales e intelectuales sostenidos. Primero me atrajo la astronomía, la inmensidad y la belleza del espacio y los miles de millones de años que había tardado en formarse; algo mucho más fascinante e impresionante que la metáfora de los siete días de la Biblia. Me hice con un telescopio, leí la *Astronomía* general de Hoyle, y se me ocurrió la hipótesis biestelar sobre el origen del sistema solar.

Me gustaba que la astronomía fuera una ciencia. Esa gente no andaba por ahí haciendo el tonto. Medían cosas, y lo hacían con cuidado. Contrastaban afirmaciones con datos, y eran capaces de cambiar unos u otras, y continuamente procuraban aumentar la precisión de sus cálculos. Cuando la teoría de Einstein de que la gravedad curvaba la luz se evaluó mediante el visible cambio de posición de una estrella durante un eclipse, tuvimos una prueba espectacular, medida con gran precisión, de la magnitud de esta curva. Sin embargo, como la astronomía no era una disciplina a la que uno pudiera dedicarse en octavo curso, pronto dirigí mi atención a las matemáticas.

Resulta que mi padre tenía muchos libros de matemáticas, y un día, por puro aburrimiento, cogí uno titulado *Cálculo diferencial.* Yo tenía trece años y tardé dos meses en llegar a dominar el libro. Y después tardé otros dos en dominar el libro de al lado, *Cálculo integral.* Me resultaba muy emocionante ver que el álgebra que yo sabía tenía verdaderas aplicaciones analíticas y predictivas: ahora era algo nimio calcular el área bajo una curva compleja. Esto era solo parte de la belleza de las matemáticas, y su gemelo científico: podías aprenderlo todo desde abajo hacia arriba; al menos, si estabas dispuesto a dedicar el tiempo y el esfuerzo necesarios. Las pruebas matemáticas eran totalmente explícitas, cada variable y cada transformación estaban descritas con precisión. A su vez, los experimentos científicos estaban explicados de tal modo que otros podían intentar reproducirlos exactamente igual para ver si se repetían los resultados.

Llegué a dominar otros ámbitos de las matemáticas, principalmente la teoría de los números, el infinito, lo irracional, la teoría de límites, etc. Ingresé en Harvard como estudiante de segundo curso de matemáticas puras, pero a mitad de curso vi hacia dónde me llevaría de todo el asunto, y no era lo que deseaba para mí: en el mejor de los casos, a producir trabajo de gran utilidad pero de efecto muy retardado, quizá en el año 2250, no para su uso inmediato. La física no ofrecía ninguna ventaja, pues, de entrada, yo carecía de la menor intuición física. Cuando un día levantaron un objeto del suelo y nos dijeron que, de este modo, le habían dado «energía negativa», me fui derecho hacia la puerta. Y no sabía nada de química ni biología, puesto que no había estudiado estas asignaturas en ningún curso.

Así pues, decidí cambiar la verdad por la justicia y hacerme abogado. Libraría grandes combates: el de los derechos civiles de los primeros sesenta, las leyes contra la pobreza, por leyes criminales para criminales que esperabas que no fueran demasiado culpables, y cosas por el estilo. Pregunté a unos y otros qué estudiarían si quisieran dedicarse al derecho, y me decían que no existía ningún curso «preparatorio» en Harvard ni nada parecido, así que mejor estudiar la historia de Estados Unidos. La declaré como asignatura principal, y me pasé los años siguientes estudiando los Documentos Federalistas, la Constitución, las Decisiones del Tribunal Supremo... todo eso.

Desarrollé una aversión casi inmediata hacia la materia porque desde el principio resultó evidente que la historia de Estados Unidos, tal como se estudiaba entonces, no era tanto una disciplina intelectual como un ejercicio de autoengaño. La principal pregunta que se planteaban los historiadores norteamericanos de la época era esta: ¿por qué somos la sociedad más fabulosa jamás creada y el pueblo más estupendo que ha pisado la faz de la Tierra? Las principales teorías en competencia eran respuestas a esa pregunta. Una de estas teorías se refería a las ventajas de tener una sociedad diseñada por ingleses de clase alta; otra, a las ventajas de una frontera en permanente desplazamiento –es decir, al exterminio de los indios americanos desde la costa Este hasta el Oeste–. El ámbito más amplio de la historia era algo más interesante, pero seguía estando compuesto de relatos del pasado inevitablemente tendenciosos y sin información crítica, y no tenía demasiadas esperanzas de que se corrigiera ninguno de los dos defectos.

En abril de 1964, mi tercer año en Harvard, sufrí un colapso nervioso y estuve dos meses y medio hospitalizado. Antes del colapso había pasado por una fase maníaca que había durado cinco semanas, durante las cuales había experimentado gran excitación mental, dificultades para dormir y la certeza de ser la primera persona en entender lo que decía realmente Ludwig Wittgenstein, pese a que era la primera vez que asistía como oyente a un curso de filosofía. Recuerdo poco más de esta fase maníaca salvo que empecé a probar la autohipnosis para poder dormir. No surtió efecto, y la falta de horas de sueño es lo que provocó el colapso definitivo. Al final, una noche mis amigos, cada vez más preocupados, me ingresaron en la enfermería de

Harvard, donde no supe responder a la pregunta elemental: «¿Quién eres?». «¿Una mujer embarazada?» «¿Un bebé recién nacido?» En ningún momento dije: «Un estudiante de tercero de Harvard completamente confuso».

Después pasé once semanas de reclusión voluntaria en tres hospitales para tratarme la psicosis. Las reclusiones, aunque sean voluntarias y en un hospital, nunca tienen ninguna gracia. Estás encerrado, no tienes permiso para moverte por ahí a tu antojo. Pero menos mal que en esa época los bioquímicos ya habían descubierto compuestos que te quitaban la psicosis al punto, y luego la mantienen a raya para que tengas tiempo de dormir y recuperarte. Tras mi liberación final a mediados de junio, me pasé el verano leyendo novelas, una al día. Desde aquel verano bendigo a los novelistas. Como científico, desde luego no puedo leer toda la ciencia que debería, no digamos ya novelas, pero aquel verano las novelas me permitieron abandonar mi vida y vivir la de otros mientras mi yo se relajaba y se recomponía.

Harvard me readmitió en otoño. Estuve casi todo el semestre jugando a *gin rummy* hasta altas horas de la noche –en otras palabras, dejando descansar un poco más a mi cerebro–. Pero también decidí hacer un curso de psicología, pues mi crisis mental me hizo pensar que quizá sería útil tener conocimientos sobre el tema. Pronto me quedó claro que la psicología no era aún una ciencia, sino más bien una serie de conjeturas en pugna sobre lo que era importante en el desarrollo humano: el aprendizaje estímulo-respuesta, el sistema freudiano o la psicología social. Ninguna estaba integrada con las demás, y como ninguna podía constituir la base de una verdadera ciencia de la psicología, dejé de interesarme por el asunto.

Las dos facultades de derecho en las que había solicitado el ingreso –que supuestamente se encontraban entre las más progresistas– me rechazaron, por lo que me gradué en una disciplina por la que no sentía mucho respeto y a la que no tenía la intención de dedicarme. Regresé a casa a vivir con mis padres, sin empleo, aunque con la esperanza de encontrarlo. Sin embargo, aún me faltaba lo del llamamiento a filas.

Soy un veterano de la guerra de Vietnam

Muy pocas personas saben –o se imaginarían– que soy un veterano de Vietnam. Pues sí, serví a mi país, en el Ejército de los Estados Unidos, durante la guerra de Vietnam. Estuve destinado en la base naval de Boston durante toda la tarde del servicio, por lo que no corrí ningún peligro de ser alcanzado por las balas enemigas. Como no estuve en el extranjero, no puedo ser miembro de la Asociación de Veteranos de Guerras en el Extranjero, pero sí de las asociaciones de veteranos de la guerra de Vietnam. Solo tengo que escribir a Saint Louis, donde se guardan los historiales militares, para confirmar que serví en el ejército durante la guerra. A veces he pensado hacerlo, pero no he encontrado nunca el momento.

Mi servicio militar fue como sigue. En 1965 estaba llevándose a cabo un llamamiento a filas. Es decir, al cumplir los dieciocho años, los chicos que no iban a la universidad eran reclutados por las Fuerzas Armadas durante un día, a lo largo del cual se evaluaba su aptitud para futuros cometidos. Si les gustabas, tenías que pasar dos años con ellos. Si no, te liberaban el mismo día con grados variables de restricciones por si te citaban de nuevo. En cualquier caso, habías servido a tu país durante ese día. Si ibas a la universidad, se aplicaba la misma regla en cuanto te graduabas, a menos que pensaras seguir estudiando, por ejemplo, para ser médico, abogado o profesor, en cuyo caso el reclutamiento se posponía (tendencia que a finales de los sesenta dio lugar a una sobreproducción en las tres profesiones en Estados Unidos).

Se habían hecho llamamientos a filas durante toda la década de los cincuenta, y cualquier chico sabía que, aparte de los pies planos, había dos medios para evitar el alistamiento: estar loco o ser homosexual. O fingir alguna de esas cosas. En 1964, yo había sufrido una crisis psicológica y había estados dos meses y medio hospitalizado, presunta prueba de enfermedad mental. Dos semanas después de haberme graduado llegó la carta de reclutamiento. ERES miembro del Ejército de los Estados Unidos y debes presentarte en el Boston Naval Yard dentro de dos semanas, a las seis de la mañana, para llevar a cabo formalmente tu movilización, procesamiento y evaluación.

Dentro del sobre había un documento adjunto que me informaba de que podía ser castigado con cinco años de prisión o una multa de 5.000 dólares (o ambas cosas) si no le decía al gobierno nada sobre lo siguiente (mis ojos recorrieron la lista): «Hospitalización por psicosis». Dios mío, ¡me enfrentaba a cinco años de reclusión por *ocultarle* al gobierno mi pase para librarme de la guerra de Vietnam! Me dijeron que pidiera a los hospitales donde había recibido tratamiento que mandaran cartas directamente al gobierno. Eran tres: la Enfermería Stillman de Harvard, el Hospital McLean de la cercana Belmont y el Centro de Salud Mental Massachusetts del centro de Boston. Llamé a los tres para pedirles que enviasen una carta al gobierno y a mí una copia. Solo Harvard hizo ambas cosas; por otro lado, su carta decía lo mínimo indispensable: «Se confirma que Robert Trivers fue un paciente de la Enfermería Stillman durante dos semanas, entre el 14 de abril y el 28 de abril de 1964». Ni diagnóstico ni nada, pero como el contexto estaba claro, se daba a entender la enfermedad mental. Los otros hospitales no quisieron mandarme ninguna copia. Pregunté por qué: «Porque estas cartas se mandan exclusivamente entre médicos». Esto me irritó. Nunca me ha gustado la circulación de información privada sobre mí pero que, por alguna razón, no se puede compartir conmigo. Me hace dudar de quien la envía.

El día de la evaluación

Me presenté en el Naval Yard a las seis de la mañana. Como cerca de Cambridge (Massachusetts) no había ninguna base militar, el ejército ocupaba parte del Naval Yard para llevar a cabo su trabajo. Nos ordenaron que nos quedásemos en ropa interior y nos pusieron a prueba: marchando –y uno, dos, tres, cuatro– adelante, arriba y abajo, giro brusco a la derecha, media vuelta; saludando y diciendo «¡Sí, señor!» cada vez que hablásemos con un superior (y como estábamos recién alistados, todo el mundo era superior a nosotros). Después tuvimos que vestirnos, coger el expediente y dirigirnos al edificio más próximo, donde presentaríamos los papeles al soldado sentado en el primer cubículo. Después, tuvimos el placer de recorrer unos veinte puestos más en orden numérico.

Dejé mi expediente sobre la mesa, frente al primer soldado. Me preguntó si había ido a la universidad. «¡Sí, señor!» ¿En la universidad me habían enseñado a leer? «¡No, señor! ¡Para entonces ya sabía leer, señor!» ¿Me habían enseñado a leer al revés? «¡No, señor!» De repente, se puso a gritar: «ENTONCES ¿POR QUÉ COÑO ME DAS LA CARPETA AL REVÉS?». Me incliné hacia delante y giré la carpeta... y pensé «Bienvenido al Ejército de los Estados Unidos, donde tendremos mucho tiempo para enseñarte a hacer las cosas bien, a la vieja usanza».

Mientras él leía mis papeles, tuve que rellenar un cuestionario médico de dos hojas, que acababa preguntando si tenía «tendencias homosexuales». Sabía lo que estaban buscando, pero como yo creía que *todos* tenemos alguna tendencia homosexual, y como sabía que ya estaba liberado de cualquier relación a largo plazo con esa gente, dejé la casilla en blanco. A continuación fui pasando por los distintos boxes, donde te revisaban el oído, la vista, si tenías pies planos y qué sé yo. En una de las mesas me quedé solo durante unos minutos y aproveché la ocasión para mirar en mi expediente (lo mismo que hicieron varios soldados en diferentes cubículos), y me sorprendió ver ahí las tres cartas de los hospitales. Vaya con la tontería de «solo para los médicos», pero al menos ahora también yo podría leer lo que ponía en las cartas.

Como he dicho, Harvard decía lo imprescindible. En una frase reconocía que yo había estado en la Enfermería Stillman entre el 14 y 28 de abril. Nada más. Ni descripciones ni nada. Esto me encantó.

La carta más larga era la del Hospital McLean, famoso centro privado de las afueras de Boston con un claro sesgo freudiano, especializado en atender a personas sanas durante largos períodos de tiempo. McLean no era un hospital que gozara de mi admiración. En aquella época, el seguro para las enfermedades mentales se agotaba a las seis semanas. Eso se debía a que, como no había remedio para la locura, un caso bien podía durar para siempre, hasta que la muerte separara al enfermo de su enfermedad. El psicoanálisis requería prolongados períodos de terapia a fondo que se organizaban en cuatro sesiones por semana a precios elevados. Como el sistema freudiano propiamente dicho no tenía casi ninguna conexión con la realidad, estaba prácticamente garantizado que se avanzaría con lentitud.

Pondré un ejemplo. Se suponía que mi joven «médico de recuperación» de McLean tenía que llevar a cabo conmigo un análisis freudiano y que a finales de mi primer mes de estancia en el hospital, tras veinte horas de entrevistas, podría darme un diagnóstico. A lo largo de esas veinte horas, él permanecía totalmente callado. No formulaba preguntas ni opiniones. Esto tenía por objeto estimular mi inconsciente para que este se le revelara sin intromisiones. Muy bien. ¿Y qué se le reveló? Un día abrió por fin la boca y dijo: «¿Quiere saber lo que pienso?». ¡Sí! Me incliné hacia delante con gesto impaciente. «Creo que ha tenido usted un ataque de locura.» Se me cayó el alma a los pies. Dios bendito, tres días después de mi colapso todos sabían que estaba chiflado, incluso yo. Si este iba a ser el ritmo de mi progreso, tendría que permanecer ingresado dos años o más –tal como explicaban a mis padres y me confirmaban mis compañeros de convalecencia–… Pero ¿para qué? ¿Para tener más dictámenes como este?

Fiel a su costumbre, la carta de McLean era muy pesimista con respecto a mis perspectivas. Según sus expertos, era improbable que yo llegara jamás a tener un trabajo remunerado ni a funcionar de una manera socialmente adecuada. A lo sumo viviría en el desván de algún pariente y me permitirían bajar y acercarme a los niños solo por Navidad y Semana Santa, y todo bajo atenta supervisión. Algo así.

El Centro de Salud Mental de Massachusetts, un hospital público cuya finalidad era darte los medicamentos apropiados y lograr que pudieras salir lo antes posible, era bastante más optimista, si bien tampoco me apoyaba con claridad. Esto no me parecía mal, pues yo no quería un informe demasiado florido sobre mi historial de salud mental mientras el ejército estaba decidiendo si me quería o no. En cualquier caso, a la hora de comer fui hasta un teléfono público y dicté las dos cartas a mi novia; así ya contaría con un historial de verdad.

¿Tenía tendencias homosexuales?

Cuando llegué a la sección del psiquiatra, me las vi con un oficial que me interrogó brevemente sobre mis hospitalizaciones y luego señaló que no había declarado si tenía o no tendencias homosexuales. ¿Por qué? Contesté que, en mi opinión, todos las teníamos. Me informó de que no tenías tendencias homosexuales si solo habías participado en un «toqueteo circular». Esto era, según había oído, lo que pasaba por sexo entre los chicos blancos de clase media de los años cincuenta: se colocaban en círculo, y cada uno masturbaba al de su izquierda. Tampoco, añadió, tenías tendencias homosexuales si solo se la habías chupado a tu mejor amigo un par de veces. Le dije que yo no había hecho ninguna de estas cosas todavía. Tú no tienes tendencias homosexuales, me dijo, y marcó la casilla correspondiente. Vaya, pensé, una forma muy indulgente de zanjar el asunto. ¡Me quedé impresionado!

A continuación, salí del cubículo y esperé con otros reclutas a que los dos últimos fueran interrogados por el oficial. El segundo era un muchacho atractivo, con un peinado cardado y quizá un ligero aroma a colonia. Pudimos oír toda la conversación. ¿Cuál era la prueba, quería saber el oficial, de que tuviera tendencias homosexuales? Era un prostituto homosexual. La voz del oficial se volvió algo más ronca. ¿Dónde ejercía? En el centro, la zona de combate de Boston. Aumentó la ronquera. ¿Dónde exactamente? Entonces hubo una discusión en voz baja que no alcanzamos a oír. Mucho antes del «No preguntes, no cuentes» se produjo el «Enróllate, y cuanto antes, mejor». O el «aceptemos una definición amplia de heterosexualidad que incluya también lo que a los hombres nos gusta hacer en la intimidad». Adoptaron la solución clintoniana, la misma que Clinton quería para su vida privada: no preguntes, por el amor de Dios, no cuentes.

4-F

Después de todo, me llevé una sorpresa. Esperaba la clasificación 1-Y: no te necesitamos para esta guerra, pero nos reservamos el derecho a llamarte en el futuro. Sin embargo, me clasificaron como 4-F, no apto para el servicio en *ninguna* guerra. Me sentí ofendido. De acuerdo, un hospital me había considerado irremediablemente incapacitado, pero ¿de verdad era posible que, tras una convalecencia de dos semanas, el gobierno estadounidense no estuviera dispuesto, bajo ningún concepto, a darme un fusil para defender a mi país? ¿Ni aunque los rusos estuvieran acercándose por la colina de enfrente? Por lo visto, así era. No confiaban en que disparase en la dirección correcta. Bueno, pensé, está clarísimo que no pueden confiar en que dispare en la dirección que me digan. Dispararía en la dirección que escogiera yo mismo, de acuerdo con el sentido de la justicia (según yo imaginaba), no del patriotismo, y a la mierda las consecuencias. No tenía ningún arma, y aquello no era más que una conjetura, pero aun así, ¿me iban a decir que me consideraban contraproducente, bajo *cualquier* circunstancia, para defender a mi país en una guerra?

En aquella época, ser calificado 4-F no suponía recibir precisamente un cumplido. Se los llamaba los «Cuatro Que Te Follen», porque te jodían el empleo, y por tanto la seguridad social, y otras dos cosas que no recuerdo. A la salida (comprendí que) debías dedicarles el quinto «que te follen». Volvías de nuevo la cabeza hacia la base naval y decías: «Bueno, que te follen a ti también». Y eso es exactamente lo que hice. Como mi padre era diplomático estadounidense, yo había crecido en países extranjeros y ya tenía cierta inclinación hacia lo internacional, pero a partir de ese momento me sentí internacional hasta la médula. No le debía nada al gobierno de Estados Unidos, y viceversa. Si no confiáis en mí para que actúe en beneficio del grupo en condiciones de peligro extremas, entonces yo no confío en que vosotros vayáis a actuar en mi provecho bajo ninguna circunstancia.

Como en la gran expresión amerindia, me sentía como si estuviera «fuera de la reserva para siempre», para no volver. Era un hombre libre, aunque por supuesto todavía ciudadano estadounidense, a diferencia de los amerindios. En todo caso, podía pensar, hacer y sentir lo que me viniera en gana. No le debía nada a la sociedad, y la sociedad no me debía nada a mí. Solo necesitaba un trabajo.

2

Bill Drury, el hombre que me enseñó a pensar

Conseguí un empleo poco después de graduarme, y encima en Cambridge. La empresa propiamente dicha era una ramificación de Harvard, Education Services Incorporated, cuyo objetivo era atraer financiación de la National Science Foundation con el fin de desarrollar cursos nuevos para los estudiantes. Igual que existirían las «nuevas matemáticas» (tras el Sputnik), existirían las «nuevas ciencias sociales». Me contrataron para echar una mano en estas ciencias nuevas. Daríamos clase a cinco millones de alumnos de quinto curso sobre cazadores/recolectores, conducta de los babuinos, vida social de las gaviotas argénteas y lógica evolutiva, o al menos eso creíamos.

Durante las seis primeras semanas tuve que leer sobre diversos temas y asistir a algunas reuniones. Un día me mandaron llamar para preguntarme si sabía algo sobre seres humanos, con lo cual se referían a antropología, sociología o psicología. Les dije que no. «¿Sabe algo sobre animales?» La verdad es que no. «Pues entonces vas a trabajar con animales.» Eso se debía a que el material sobre animales les importaba menos. Una vida entera puede dar un giro por episodios así, insignificantes y azarosos. Tal vez hubiera descubierto la biología más adelante, aunque lo dudo, y dudo también de que en ese caso hubiera estado en condiciones de sacar provecho de sus múltiples ventajas.

Me asignaron un biólogo que orientaría mis lecturas y certificaría mi trabajo. Se llamaba William Drury, que a la sazón era director de investigaciones en la Massachusetts Audubon Society, en Lincoln (Massachusetts). Mi patrón le pagó durante dos años para que fuera mi tutor particular en biología. Quizá haya sido el mayor golpe de suerte que he tenido en la vida.

Antes de conocer a Bill Drury, yo no sabía nada de biología. Tras trabajar con él dos años, acabé empapado. Me inició en la conducta animal y me enseñó muchas cosas sobre las vidas psicológica y social de otras criaturas. Es más, me enseñó a interaccionar con ellas de igual a igual, como organismos colegas. No obstante, aun habiéndome enseñado todo esto yo habría podido dejar de ser su alumno sin haber llegado a ser biólogo. La clave de mi porvenir, que solo él, de entre todos los que le rodeaban, podía encauzar, fue su comprensión de que la selección natural hacía referencia al éxito reproductor individual, que era aplicable a todos los rasgos y seres vivos, y que pensar en algo parecido a ventajas de la especie y selección de grupos, algo muy de moda en la época, tenía poco futuro o ninguno.

La selección de grupos invertía la función al tiempo que racionalizaba la mala conducta. Por ejemplo, a finales de la década de los sesenta distinguidos antropólogos defendían que la guerra y el infanticidio preferentemente femenino habían evolucionado de la mano por el bien de la especie, para controlar la demografía. La guerra controlaba el número de hombres; y el asesinato de niñas, el de mujeres. Menos mal que esta idea centrada en la especie era ridícula. No solo transmitía una visión políticamente incoherente de la realidad social, sino que en la actualidad aún no sabemos muy bien qué provoca la extinción de una especie o incluso cómo definir los grupos de manera apropiada. Así pues, ¿cómo vamos a explicar lo que entendemos (vida individual) con lo que no entendemos (vida en el nivel del grupo)?

Si la selección funcionase a este nivel, seguramente yo no habría dedicado tanto tiempo a la biología. Pero para las interacciones individuales contamos con una carretada de hechos, desde medidas precisas de éxito reproductor bajo una gran variedad de circunstancias hasta observaciones de una importancia evidente para el individuo y con una función poco clara para el grupo o la especie. En cualquier caso, a partir de entonces fui un biólogo teórico. Había querido ser científico desde los trece años. Ahora, a los veintidós, había descubierto mi subdisciplina, la biología evolutiva.

La emoción que sentí al aprender por primera vez sobre el sistema global de la lógica evolutiva en el plano individual, aplicada al conjunto de la vida, fue parecida a la sensación que tuve cuando a los doce años me enamoré de la astronomía. La astronomía te explicaba la evolución y la creación inorgánica a lo largo de un período de quince mil millones de años; la lógica evolutiva te explicaba una historia comparable de cuatro mil millones. La astronomía hablaba de la inmensidad del tiempo y el espacio, mientras la lógica evolutiva hacía lo mismo con la *vida propiamente dicha*. Se han estado formando criaturas vivas en el transcurso de un período de cuatro mil millones de años, con la selección natural soldando rasgos adaptativos durante todo ese tiempo; por tanto, cabe esperar que las criaturas vivas estén organizadas funcionalmente en formas exquisitas y siempre contraintuitivas. Igual que cuando descubrí la astronomía, tuve un sobrecogimiento religioso.

Por cierto, Bill era un profesor duro. Cuando te equivocabas, se aseguraba de indicarlo, no de forma cruel ni exagerada, solo con la simple verdad. Si tú replicabas, él estaba a la altura del desafío. Así aprendí lo que era y no era la selección natural. Bill no tenía interés alguno en alimentar tu autoestima. Solo le interesaba enseñarte la verdad. Eso me gustaba. Siempre he preferido el conocimiento a la autoestima. Cuando le expuse argumentos sobre las ventajas que tenía la cornamenta para las poblaciones de caribú, él me explicó paso a paso mi error y me hizo leer dos breves artículos que reflejaban ideas opuestas sobre el asunto. Al cabo de tres días ya era un absoluto converso, casi dispuesto a parar a la gente en el metro y gritar: «¿Sabes cuál es el error en las teorías sobre la selección grupal? ¿Eh?».

En cierta ocasión estaba observando con prismáticos una gaviota argéntea junto a Bill. En aquella época, una gaviota argéntea no podía rascarse sin que alguno de nosotros preguntara por qué la selección natural había favorecido esa conducta. En cualquier caso, sugerí que el comportamiento de la gaviota no era funcional, y que el animal no era capaz de actuar basándose en su propio interés. Bill dijo tranquilamente: «No presupongas nunca que el animal que estás estudiando es tan estúpido como quien lo está estudiando». Recuerdo que lo miré de reojo y me dije para mis adentros: «¡Sí, señor! Me gusta esta persona. Puedo aprender de él».

En otra ocasión íbamos andando por el bosque cercano a su casa, después de que en 1972 hubiera sufrido yo una crisis nerviosa de poca importancia. Nada comparable al episodio catastrófico de 1964, pero aun así me había pasado diez días en la enfermería de Harvard. Le confesé que, tras aquella primera crisis, había jurado que si veía venir otra me suicidaría para evitar el dolor extremo. No obstante, después de la segunda crisis, había decidido que si volvía a producirse la desgracia con la gravedad de la primera vez, mataría a diez personas de una lista antes de morir en el contraataque. ¿Se trataba de un paso adelante en mis ideas o un paso atrás? Caminamos unos instantes en silencio por el bosque, y de pronto él dijo: «¿Puedo añadir tres nombres a tu lista?». Mi corazón latió afectuoso. ¿Cómo no ibas a amar a un hombre así? Bill era capaz de responder a tus preguntas con una broma que le implicaba en tus instintos más básicos.

Contracultural hasta la médula

Bill era contracultural hasta la médula. No he conocido a nadie capaz de adoptar tan a menudo el punto de vista contrario al ge-

BILL DRURY. Su cabeza era casi totalmente redonda –índice cefálico igual a uno–, que al parecer es ideal en los climas fríos al ser óptima para conservar el calor. (Foto cortesía de Mary Drury.)

neral y con todo dar la sensación de prevalecer. ¿Crees que la evolución favorece lo que es bueno para el grupo, la especie o incluso el ecosistema, idea dominante de la época? Para Bill, esto era un disparate mayúsculo. ¿Por qué pararnos aquí? ¿Por qué no tiene también ventajas para la Tierra, la galaxia y el universo?

¿Opinas que la guerra nuclear es el mayor desafío para la vida en la Tierra? A su entender, la mayor amenaza era el colapso medioambiental. Seguramente las bacterias sobrevivirían a un holocausto nuclear y después regenerarían la vida bajo otras formas. Estoy de acuerdo, pero considero igual de probable que sobrevivan al colapso ecológico, aunque este se lleve por delante a todas las plantas y todos los animales vivos. En la actualidad, se observan a menudo bacterias en la corteza terrestre, a un kilómetro o más por debajo del lecho marino. Ni una guerra nuclear ni una hecatombe ecológica tienen posibilidad alguna de desalojarlas de ahí.

¿Piensas que la manera natural de discutir es yendo de lo animal a lo humano, el estilo dominante de la época? Para Bill, esto era absurdo a más no poder. Puedes pasarte la vida estudiando las cebras y meter en el mismo saco a los demás animales ungulados, pero ¿qué sabes entonces sobre los animales ungulados o las cebras? Pues casi nada en comparación con lo que sabes sobre ti. Si estás interesado en la teoría social basada en la selección natural, ¿no sería mejor comenzar contigo mismo y luego extender el análisis a lo de fuera? Esto es precisamente lo que hice yo entonces en mi primer artículo científico, sobre el altruismo recíproco. En nuestra vida, parece obvio que los amigos suelen ser más importantes que los parientes, y que la relación entre los amigos se sustenta en alguna forma de reciprocidad –cada uno hace bien al otro–, pero con la tentación de engañar a tu favor. Empecé con esta observación y expuse el razonamiento en una manera tan general como fue posible, a fin de que se pudiera aplicar a cualquier otra forma de vida, hasta llegar a las bacterias o los organismos unicelulares. De hecho, desde entonces otros científicos han aplicado el principio con éxito a unas y otros.

Empezar por las personas también suele ser la mejor manera de identificar un error. Muchos alumnos me decían que en la naturaleza las hembras prefieren machos de más edad, pues estos han demostrado capacidad para sobrevivir largo tiempo. Y yo contestaba que no, que todos somos viejos por igual (tenemos más de tres mil millones de años), y que solo diferimos en la cantidad de tiempo que ha sobrevivido nuestro genotipo individual. Como la función global del sexo es descomponer genotipos para producir variaciones nuevas que, desde el punto de vista reproductor, superen las formas anteriores, los hombres jóvenes acaso sean más atractivos al tener genes reorganizados más recientemente. Sin embargo, el factor decisivo era lo que decía la vida cotidiana. ¿Cuántas veces dice una mujer esto de ti?: «Es feo, debilucho, y tiene un carácter repugnante, pero Dios mío, es viejo. ¡Me pone a cien!».

Se puede plantear la duda de si el monoteísmo es superior al politeísmo. ¿Qué sabes del politeísmo?, diría Bill. O del monoteísmo, si vamos a eso. Das por sentado que el monoteísmo es mejor porque supones que propone un orden único, una lógica y una fuerza unificadoras únicas, pero ¿qué representa esta fuerza? Bill me enseñó que las religiones politeístas suelen tener una actitud mejor ante la naturaleza que las monoteístas. En las religiones amerindias había espíritus del bosque, de la fronda, de las profundidades de la espesura, de las fuentes borboteantes, y cada uno representaba aspectos exclusivos de estas zonas ecológicas. Para alguien como Bill, que había vivido literalmente entre quince y veinte años en los bosques, estas distinciones estaban mucho más cerca de su opinión que las que surgían del monoteísmo, que en esencia se reducían a una forma de razonamiento sobre ventajas para la especie.

Por otra parte, tengamos en cuenta que en el monoteísmo Dios es casi siempre masculino. Según la lógica evolutiva, los niños van primero, las mujeres (los inversores primordiales) en segundo lugar, y, por último, lo más pequeño y más difícil de justificar, los hombres. Entonces, ¿por qué Dios ha de ser masculino? Los machos aparecieron en fases tardías de la evolución, y además inicialmente como hermafroditas, por lo que el monoteísmo da una idea errónea de Dios y la naturaleza en múltiples niveles, idea que respalda el patrimonio, el nombre patrilineal y la herencia de propiedades, y muchas otras conductas de base masculina.

En otra ocasión, Bill y yo estábamos hablando sobre los prejuicios raciales y sus posibles componente biológicos, y él me dijo: «Bob, tan pronto hayas aprendido a considerar una gaviota argéntea como un igual, lo demás es fácil». Vaya enfoque más grato del problema, sobre todo desde dentro de la biología. Bill pensaba desde ese nivel en el que me pedía que me situara yo: todos somos organismos vivos… que hacemos comentarios discriminatorios sobre otros por nuestra cuenta y riesgo. En su opinión, siempre era mejor intentar ver el mundo desde la óptica de otra criatura.

Una de las lecciones más profundas que me dio Bill consistió en hacerme consciente de que al contemplar a los otros organismos el mismo acto de observar tiene sus propios efectos. Era el principio de incertidumbre de Heisenberg aplicado a la biología.

El primer paso es tratar de ver a la otra criatura desde su propio punto de vista, y el siguiente es no influir en su conducta mientras la observas. La observación de un animal puede causar efectos contradictorios. Muchos conductistas no son conscientes de hechos muy elementales concernientes a esta interacción. Por ejemplo, es verdad que observar un pájaro con prismáticos lo acerca mucho a tus ojos, pero puede que el animal considere los prismáticos un superestímulo, unos ojos de un tamaño muy superior al normal, puesto que ellos son capaces de ver a distancias mucho mayores. En ese caso, el pájaro se alejará de ti cien metros. ¿Qué sales ganando? Seguramente nada.

«No señales nunca» fue otra regla que me enseñó Bill muy pronto. A lo largo de muchos milenios de interacción con los seres humanos, cabe esperar que los animales hayan desarrollado una conducta cautelosa hacia un dedo señalador. Un dedo que apunta parece un arma o, como mínimo, una indicación de que acaso alguien tenga una. En mi propiedad de Jamaica, tengo que pedir una y otra vez a diestros naturalistas del país que no señalen con el dedo cuando quieran mostrarme a un ave o un lagarto, pues lo más probable es que los animales se escondan tan pronto vean el dedo amenazador. Si tenéis que señalar, les digo, al menos doblad el dedo. A mí mismo me desagrada ser señalado por alguien desde la distancia, por lo que entiendo muy bien cómo se sienten los pájaros. Huey Newton era de la misma opinión: un dedo así era un arma apuntándolo, al menos metafóricamente. Si era amigo tuyo, se agacharía a derecha e izquierda para esquivar tu disparo, pero también era capaz de agarrarte el dedo y torcértelo. Bill ya me había explicado todo esto por medio de los pájaros.

Una tarde, Bill me invitó a observar aves en su pequeña isla frente a la costa de Maine. Fui en busca de mis libros y los prismáticos, pero me dijo que no hacían falta. Nos dirigimos hasta el árbol bajo más próximo, que crecía solitario en terreno despejado, donde Bill se puso a emitir una serie de sonidos de tono agudo. El árbol empezó a llenarse enseguida de aves, que a su vez se pusieron a lanzar una serie de gritos. Cuantos más pájaros llenaban el árbol, más pájaros parecían atraer, por lo que muy pronto, como por arte de magia, todas las aves cantoras pequeñas de la zona estuvieron precipitándose hacia nosotros. Para entonces, Bill estaba de rodillas, doblado y soltando un sonido grave, como un gemido, la cazadora subida por encima de la cabeza como si estuviera escondiéndose.

En realidad, las aves parecían estar haciendo cola para bajar a saltitos y acercarse a Bill todo lo posible. Saltaban de rama en rama hasta acabar en una situada a casi dos metros del suelo y a poco más de medio metro de mi cara. Bill nos presentó. «Este es un carbonero macho de capucha negra. Supongo que tendrá unos dos o tres años. ¿Puedes decirme si hay algo amarillo entre la espalda y los hombros [grasa almacenada]? Es un buen indicador de la edad.»

En cuestión de minutos, Bill había reducido la distancia entre esos pájaros y nosotros en varios órdenes de magnitud, desde el punto de vista tanto físico como social. Nuestra relación era ahora tan distinta que hasta tuve ocasión de presentarme ente ellos personalmente a una distancia de apenas medio metro.

Más adelante, Bill me explicó el truco. Al principio solo había estado imitando los gritos de alarma de un par de pájaros cantores de la zona. Estas llamadas tenían el cometido de atraer a multitudes de pájaros pequeños para atacar a un depredador vulnerable al que hubieran pillado desprotegido en campo abierto.

Sin embargo, a medida que las aves llegaban al pequeño árbol, Bill había comenzado a intercalar los gritos de alarma con diversos ululatos de búho. El búho es implacable de noche pero vulnerable y casi ciego de día, y los pájaros lo atacan en grupo para expulsarlo del territorio o incluso hostigarlo y matarlo ahí mismo. La perspectiva de agredir a un búho atrajo a los pájaros al árbol a un ritmo cada vez mayor, pues las congregaciones para atacar aumentan la seguridad individual y la fuerza grupal con cada nueva llegada. Hace poco se ha observado que las aves tienen más probabilidades de lanzarse contra un objetivo si el que llama ayuda a atacar a su víctima.

Cuando las aves aterrizaron en el árbol, no vieron a ningún búho sino a dos seres humanos, aunque uno de estos hacía todo lo posible para hacer creer que había un búho oculto bajo su cazadora, de la que surgían sonidos muy parecidos a los de la rapaz nocturna. Esto los animó a acercarse todo lo posible para ver mejor, con lo cual quedaron a medio metro de mi rostro. Al contrario de lo que pasa con algunos trucos, saber cómo hizo Bill el suyo no menoscabó mi placer. Más bien al contrario. Puso de manifiesto la profunda lógica mediante la cual Bill me había permitido ver e interaccionar con criaturas en libertad a la distancia a la que suelen interaccionar ellas entre sí.

Fue para mí un momento absolutamente mágico.

Hablar con aves en su lengua nativa

A partir de ese momento me quedé enganchado. Quería hablar con los pájaros en su idioma, como hacía Bill, del mismo modo que siempre había querido hablar con todo subgrupo de seres humanos en su propia lengua –¿cómo, si no, vas a entender su forma de pensar?–. Con los pájaros, la clave era imitarlos sin más. Así que practiqué esa imitación. En muchas circunstancias, los machos tienen una clara tendencia a «contracantar», es decir, a emular. Así, la imitación recíproca podía generar rápidamente una relación social. Lo que significaba esto exactamente para el pájaro es otra cuestión. Cabe presumir que cuanto mejor sea la emulación, más respuesta pajaril habrá. Una de estas respuestas consiste en añadir variación. A medida que iba aprendiendo, me daba cuenta de que, tras mi cuarta o quinta respuesta mimética, el ave agregaba un elemento nuevo, por ejemplo un gorjeo, que yo a mi vez intentaba imitar. Más adelante se demostró que, en la naturaleza, a la hora de aparearse, las aves hembra tienen una clara preferencia por los machos que ejecutan cantos más complejos.

En el habla con los pájaros –o, más en general, con otras especies–, la clave es la melodía, y el fundamento es la regla de Morton: cuanto mayor la criatura, más grave el sonido. La ley procede de la física. Cuanto mayor es la superficie del tambor, más grave será el sonido que genere. Lo cual nos lleva a la regla secundaria: que los sonidos graves están relacionados con afirmaciones de dominio y hostilidad, con altas dosis de subordinación y miedo. Una noche de 1980, en la ciudad de Panamá, dos jóvenes y fuertes afropanameños me agarraron uno por cada lado mientras otros dos me enseñaban sendos cuchillos de veinte centímetros a fin de convencerme de que me tendiera en el suelo para poder robarme con comodidad. Después se alejaron, sacaron el dinero y tiraron la cartera, detalle que agradecí. En cualquier caso, aparecieron algunos agentes de la guardia nacional que preguntaron por lo sucedido. Contesté con un falsete dos octavas por encima de mis intenciones. Todo el mundo se reía, pero yo no era capaz de controlar mi voz. Regla de Morton.

Desarrollé el hábito de silbar a los pájaros cualquier cosa que estuviera diciendo en el inglés cotidiano, soltando el tono en el registro del pájaro pero de modo que la variación reflejara la variación en mi frase. Por ejemplo, cuando presenté mi hijo a una familia de petirrojos (que vivía en un nido justo enfrente de la puerta de la calle), silbé: «Este es mi hijo Jonathan». En las letras «j» y «s» mi voz se disparaba: es natural dar a tu hijo un tratamiento sonoro positivo y también llamarlo con un diminutivo.

Como mi hijo estaba dispuesto a participar en juegos más elaborados en el lugar donde estaba, a unos diez metros del nido, yo silbaba: «¡Jonny, ven aquí!» (la voz in crescendo en la «j» y la «a»). Y entonces él silbaba: «Allá voy» (la «v» más alta) y corría hacia mí. No sé si los pájaros entendían algo de todo eso, pero sí sé que al cabo de varias semanas, cuando volví a salir a eso de las tres de la tarde para mi espectáculo vespertino de contracanto, los arbustos circundantes estaban llenos de pájaros al parecer impacientes por ver la actuación. ¿Se reían por la noche entre ellos? Quién sabe.

¿Tal vez mi interés por estudiar el lenguaje animal está relacionado con mi afición a las experiencias cercanas a la muerte (véase gran parte del resto de este libro)? Que cada quien lo juzgue. Una vez estaba paseando, mientras sostenía en brazos a mi hijo de dieciocho meses, explorando los árboles cercanos a nuestro pequeño complejo de apartamentos en Cambridge (Massachusetts). De repente, vi a una ardilla en lo alto de un árbol, pero por mucho que la señalara con el dedo no lograba que mi hijo la viera. Así que decidí atraer el animal hacia nosotros. Canté una canción melodiosa en lo que supuse que sería aproximadamente el registro sonoro de la ardilla. La canción trataba sobre lo triste que era ser una ardilla solitaria, sin nadie a la vista, algo así. El animal se deslizó hacia mí, pero, ay, con tanto sigilo que mi hijo no vio nada. Entonces cometí un error casi fatal. Resolví cambiar radicalmente de estrategia. Arremetería contra la ardilla y combinaría la provocación física con la amenaza verbal. La ardilla saldría corriendo. Yo habría echado a perder nuestra relación, pero al menos mi hijo vería el animal.

Acerté en una cosa: la ardilla salió corriendo, pero directa a mi garganta. En tres pequeños brincos estuvo apenas a unos centímetros de poder saltar sobre mí y morderme, pues su sonido brusco y gruñón sugería que era eso lo que quería hacer. Para entonces yo ya había retrocedido tres metros, a medio camino de una cuesta, y protegía con una mano el cuello del niño. Con un salto y dos mordiscos certeros, la ardilla habría podido matar a mi hijo. Volví a mi apartamento, muerto de miedo y profundamente agradecido por no tener que explicar a mi esposa cómo una inocente conversación animal había acabado con la muerte de su bebé.

Palomas celosas

Tras pasar alrededor de un año observando gaviotas argénteas y otras aves marinas con Bill, quería iniciar un proyecto sobre alguna otra especie escogida por mí, una especie que pudiera estudiar en tierra. Propuse el cucarachero pantanero, del que aún no se habían estudiado la conducta social ni la ecología. Drury rechazó la idea de inmediato. Dijo que yo tardaría dieciocho meses en detectar la especie con regularidad y otros dieciocho en acostumbrar a algunos individuos a mi presencia lo suficiente como para poder efectuar observaciones conductuales minuciosas. El hecho de que aún no hubiera sido estudiada, añadió, quizá era más una advertencia que una invitación.

Me sugirió que tomara otra dirección. Estudia las palomas, dijo. En Cambridge las había por todas partes, y eran demasiado comunes y feas para atraer a ningún ornitólogo desde que Charles Whitman escribiera su monografía en 1919. La variabilidad en cuanto a patrones de plumas que contribuía a su fealdad también hacía que las criaturas fueran fáciles de identificar, de modo que las observaciones del comportamiento de individuos conocidos podían comenzar enseguida, sin necesidad de capturar ni tocar las aves. Resultó que había palomas que se posaban en el tejado de la casa contigua al edificio de apartamentos de tres plantas de North Cambridge donde estaba viviendo. Permitirían un flujo constante de observaciones sobre el comportamiento durante toda la noche.

Lo que quedó claro muy pronto en esta especie monógama fue que los machos eran sexualmente mucho más inseguros que las hembras, y que a ellas las privaban de aquello que se permitían a sí mismos con toda tranquilidad, esto es, copular fuera de la pareja. Por ejemplo, el grupo del otro lado de mi ventana empezó con cuatro palomas que formaron dos parejas. Dormían unos junto a otros en el canalón del tejado de la casa de al lado. Solían posarse en cualquier momento a partir de las cuatro de la tarde. Cuando pasaban la noche los cuatro juntos, los dos machos, aun siendo el sexo más agresivo, estaban siempre uno al lado del otro con las respectivas compañeras en los extremos. Al colocarse juntos, los machos se aseguraban de que cada uno estaba ubicado entre su hembra y el otro macho.

Después, durante un período de varios días, estuvo apareciendo un nuevo macho al que los dos machos residentes atacaban de forma sistemática y ahuyentaban. Al cabo de cuatro o cinco días perseverando, el nuevo seguía durmiendo canalón abajo, a unos veinte metros de las otras cuatro palomas, y era sometido a ataques por sorpresa. Sin embargo, el día que llegó con su propia compañera, la distancia con respecto a los otros se redujo a la mitad, lo que daba a entender que la preocupación masculina por los visitantes masculinos acaso estuviera asociada a cierta amenaza sexual o a una mayor probabilidad de que su compañera se permitiera echar una cana al aire. Lo más llamativo fue que cuando la tercera pareja consiguió juntarse con las otras dos, ya no fue posible que cada macho se colocara entre su compañera y los otros dos machos. Lo que pasaba entonces es que los más exteriores dejaban a sus colegas fuera, con lo que se posaban entre la suya y los otros dos machos, si bien el macho más interior obligaba a su hembra a situarse en el tejado inclinado de delante en vez de dejar que se colocase entre él y el vecino de la derecha. La hembra no estaba satisfecha con esta situación y regresaba al más cómodo (y caliente) canalón, pero se veía de nuevo expulsada al tejado inclinado. A veces aguardaba a que él se quedara dormido y se deslizaba a su lado sin llamar la atención; entonces enseguida oía yo el rucucú al otro lado de la ventana del baño, corría y volvía a verla en el tejado.

Eso fue para mí una observación sorprendente, pues demostraba la falsedad de la idea, muy común por entonces en los ámbitos de la ornitología y el pensamiento evolutivo, de que la relación monógama carecía de conflictos internos. Ahí había un macho dispuesto a obligar a su compañera, madre de sus futuros hijos, a dormir toda la noche en un tejado inclinado debido a su inseguridad sexual, lo cual sugería la existencia de presiones de selección relativamente fuertes.

Whitman (1919) habló de cierta diferencia sexual en la conducta tras observar al animal cometiendo adulterio, que a mi juicio era instructiva en el mismo sentido. Según Whitman, cuando una paloma macho veía a su hembra a punto de copular con otro macho, volaba directamente hacia este e intentaba apartarlo de ella; es decir, interrumpía la cópula lo antes posible. En cambio, una hembra que viera a su compañero exhibiendo la misma conducta no trataría de impedir la cópula, sino que intervendría inmediatamente después, los separaría y se mostraría agresiva para mantener a las demás hembras lejos de su macho. ¿Qué estaba pasando aquí? La respuesta obvia procedía de la inversión relativa de los dos sexos en la descendencia —desde luego en el momento de la cópula—. La inversión del macho en la cópula es nimia, o al menos relativamente secundaria, mientras que la de la hembra quizá conlleve un año de esfuerzo reproductor. Así pues, los machos escogidos por las hembras como compañeros extra disfrutan de la posibilidad de un importante beneficio inmediato (paternidad de hijos que serán criados por la hembra con ayuda de otro macho) y, asimismo, imponen un elevado coste al macho «cornudo», o genéticamente desplazado. Estos considerables efectos selectivos potenciales explicarían tanto la disposición del macho a permitirse cópulas fuera de la pareja… ¡como la preocupación por si su pareja actúa de modo similar!

Lo demás fue fácil. Al cabo de unos meses de observación, quedó claro que las palomas mostraban los mismos comportamientos y sentimientos psicosexuales que nosotros: el macho intenta copular fuera de la pareja y al mismo tiempo se opone a que ella haga lo mismo. No costó mucho comprender que la inversión parental relativa en descendencia –esto es, cuánto invierten los machos o las hembras de una especie concreta en criar a sus hijos– determinaba si habría machos compitiendo por compañeras femeninas (inversión parental femenina elevada) o al revés (inversión masculina elevada). Con esto y las posteriores percepciones de Ernst Mayr, profesor de Bill, tuve el esbozo completo de una teoría de la evolución de las diferencias sexuales. Y todo porque Bill dijo: «Estudia las palomas».

Mi único viaje al Ártico

Hice mi primer viaje a la naturaleza antes incluso de haber estudiado biología, mientras todavía escribía libros infantiles para ganarme la vida. Como el primero de estos libros había sido sobre el caribú y su cornamenta, y como Bill había pasado parte de su vida en el Ártico, logró que se me incluyera en una expedición del Canadian Wildlife Service –Servicio Canadiense de Vida Silvestre–, que iba a estudiar los caribús en el extremo norte de Canadá. Más concretamente, la expedición mataba a tiros a un centenar de caribús cada tres meses como parte de un estudio sobre carga parasitaria. El número de ejemplares de caribú había disminuido desde tres millones a trescientos mil en la década anterior. Nadie sabía por qué, y se quería poner remedio a esa situación antes de llegar a la extinción. Los lobos no eran el problema; su número estaba controlado por sus presas, no al revés. ¿Eran enfermedades?

Yo respetaba mucho a los cazadores del viaje y a sus entomólogos asociados. Cuando un cazador del Servicio Canadiense de Vida Silvestre abatía un caribú, no había víctimas heridas cojeando fuera del escenario. El caribú caía al suelo, tieso. Su muerte no era ningún desperdicio (desde el punto de vista humano). Se llevaban el cadáver enseguida para que se le realizara una inspección

UN CARIBÚ Y YO. Esta hembra o bien no había criado, o bien había perdido a su cría. Tenía curiosidad por saber quién o qué estaba acercándosele lentamente. Cuando estuve a unos dos metros y medio de ella, me detuve y tomé esta foto. Lo más cerca que debió de estar en su vida de un salvaje desconocido, cara a cara. (Foto cortesía de Robert Trivers.)

parasitológica. Las señales visuales eran las pupas o larvas tardías de moscas, como la mosca gasterófila del caballo. Era asombroso ver toda la cavidad nasal de un ciervo casi totalmente obstruida por un conjunto de insectos gordos del tamaño de la punta del pulgar. Estaban esperando el cambio de piel de julio, caer a tierra, y emerger como moscas gasterófilas adultas, hembras en busca de machos y luego de las fosas nasales del caribú, en las que ponían los huevos. Resumiendo, el insecto tenía una vida propia de más de un mes como adulto, y de casi once meses como parásito en crecimiento dentro de un caribú. Se observaban insectos parecidos bajo la piel, asimismo grandes y abundantes, cuyas hembras también ponían los huevos durante una breve fase adulta en verano.

Hubo un día inolvidable en el campamento principal. Los caribús hembra que venían en tropel hacia nosotros –o, más bien, hacia las áreas de parto que teníamos detrás– empezaron a dividirse a derecha e izquierda mucho antes de lo acostumbrado. Al margen de dónde se separasen, lo hacían porque se daban cuenta del peligro que acechaba, pero ese día también eran conscientes del peligro que había detrás. Tal como me explicó el director de la expedición, estaban siendo perseguidos por cinco lobos. Yo quería ver los lobos, pero eso no era tan fácil. Los perros eran simples salpicaduras en el horizonte, y yo soy miope desde pequeño.

El director me colocó entre dos hombres inuit (esquimales), de unos cuarenta o cincuenta años, cada uno de los cuales tenía las manos planas y en paralelo sobre la tierra, una encima de otra. De este modo creaban un espacio visual muy estrecho pero amplio, cuya posición en y por debajo del horizonte variaban continuamente. Intentaron que mis manos estuvieran alineadas con las suyas, levantándolas constantemente de forma alternativa y luego bajándolas para crear espacios planos y horizontales diferentes. De pronto, mi campo visual fue ocupado por cinco perros, que avanzaban juntos, todos moviéndose. ¡Lobos! Una visión extraña en el Ártico. No obstante, para verlos tenías que ejecutar una extraña argucia visual, y como es lógico los habitantes del lugar la conocían.

Aunque yo respetaba a esa gente, su vida no era como la mía. Yo quería ver animales vivos y dejarlos vivos tras la interacción. Por eso les pregunté si podía ver las áreas de parto, donde miles de hembras daban a luz con una diferencia de pocas semanas entre unas y otras después de recorrer cientos de kilómetros. Se creía que la sincronía había evolucionado en respuesta a los depredadores: cuantos más terneros nacieran por unidad de tiempo, mayor sería la probabilidad de resistir ante los posibles depredadores que existieran en un momento determinado.

Fui debidamente despachado en un avión de hélice de cuatro plazas desde el campamento principal hasta las áreas de parto.

Aparte de mí, que entonces tenía veinticuatro años, solo volaban el piloto, de dieciocho, y un hombre inuit de unos cincuenta que iba en la parte de atrás. Su cometido consistía en armar mi tienda para que pudiera sobrevivir dos días hasta que regresaran a buscarme. El piloto se pasó el viaje trazando bucles gigantes, murmurando sin parar que no iba a tener suficiente tiempo de vuelo. Sintiéndolo por mi amigo esquimal de detrás, deseé que el piloto reservase todas esas lazadas innecesarias para el viaje de vuelta. Aunque estábamos en junio, aterrizamos sobre una capa de hielo de dos metros de grosor. Mis compañeros esperaron solo hasta que estuvo montada una bonita y segura tienda para mí, y acto seguido se fueron. Habían pasado apenas cinco minutos cuando reparé en que mis dieciséis bocadillos de mantequilla de cacahuete se habían quedado en el campamento base. Menos mal que tenía suficientes judías para subsistir. Cada semana me pasaba factura un hábito de toda la vida: salir a toda prisa sin algo que resulta esencial tener en el lugar adonde vas.

Lo que vino después –pese a mi dieta exclusivamente a base de judías– fueron dos de los días más maravillosos de mi vida. Estaba totalmente aislado del resto de los seres humanos. No había señal alguna de que estuvieran cerca (pues en efecto no lo estaban), ni de que hubieran estado jamás en la zona. No había aviones que surcaran el cielo, ni ningún tipo de artefactos visibles en la tundra parcialmente cubierta de nieve. Nada. Solo el caribú, yo y el oso pardo, el depredador más peligroso, aunque al parecer muy infrecuente. El día era largo, de unas dieciocho horas, con mucho tiempo para gatear cerca de los caribús, intentando acercarme todo lo posible al bienaventurado suceso procurando a la vez mantener la suficiente distancia para no molestarlos.

Llegué a presenciar varios partos en cuestión de media hora, y también advertí un hecho interesante. A las hembras les gusta formar pequeños grupos dentro de la congregación más amplia. Cabría pensar que sería más fácil arrastrarse lentamente hasta una hembra sola con un ternero que hasta una hembra con otras cerca. Pues no. Cuando la hembra acompañada de otras capta un movimiento tuyo, te mira fijamente (mientras tú estás paralizado) y luego mira a las otras de alrededor. Como están pastando, con la cabeza baja, ella hace lo mismo. Si está sola, no. Te mira fijamente, mira a un lado y a otro, ve que no hay nadie cerca y enseguida corre hacia la hembra más próxima. Más adelante me enteraría de que esta era una fuerza importante en la formación de grupos: el «efecto del rebaño egoísta», por el que cada animal desea unirse a otros frente a uno o más depredadores, pues aun no siendo la mejor idea para localizar al depredador, sí es cierto que en un colectivo numeroso se reducen las posibilidades per cápita de ser perseguido y cazado. Es la seguridad que da el grupo.

Conozco a algunos habitantes del lugar

La ciudad en la que acampamos inicialmente, y donde debíamos permanecer hasta que el tiempo nos permitiera volar a las montañas, estaba dividida entre un sector de esquimales y otro «blanco». Las dos comunidades se reunían casi cada noche para ver películas. Pronto advertí algo interesante. No sabía cuáles eran las mujeres esquimales guapas. Yo pensaba inconscientemente que las más atractivas serían aquellas con aspecto más europeo; pero para los esquimales no era así. Observé dónde estaban sentados los esquimales jóvenes populares y más en la onda, y pronto vi a las mujeres desde una perspectiva de esquimal: rostro bello y alargado, ojos rasgados, ninguna prominencia nasal fea que destruyera el efecto.

Más adelante aprendería algo parecido en Jamaica. La primera vez que fui allí me enteré de que eran especialmente atractivas las «chicas con dientes separados», es decir, las mujeres con cierto espacio entre sus incisivos delanteros. No tenía ningún sentido, pero creedme, en el espacio de uno o dos años estuve totalmente integrado –y ahora mismo me siento atraído por una «chica con dientes separados»–. (Se dice que los hombres de dientes separados también son atractivos para el sexo opuesto, pero no tanto.) Si prestas atención, la cultura local te enseña lo que es bello en la zona. Y cuando lo haces, te sientes agradablemente sorprendido por la velocidad de tu adaptación.

A propósito, conseguí hablar con dos mujeres esquimales (no de las guapas, por supuesto). Intimé con ellas hasta el punto de que estuvieron dispuestas a invitarme a su casa. Fuimos a un largo edificio de madera, dentro del cual había tabiques e incluso mantas colgadas supuestamente como separadores, pero apenas entendí su significado. Fue avanzando la noche, y a las tres de la mañana aún estaba intentando averiguar cómo separar a la que creía que me gustaba de su amiga. (Por lo que he sabido después, habría sido mejor un trío.) Pero yo era joven e ingenuo y me quedé mudo de sorpresa cuando, tras hacer un comentario chistoso, oí la risa de un tercer individuo que se hallaba en la estancia grande. No parecía una mujer.

Comprendí que la situación era más complicada de lo que había imaginado, y se apoderó de mí cierta cautela. Al poco rato decidí marcharme, y las dos mujeres me indicaron amablemente que debía caminar con cuidado junto a los límites de las propiedades de los esquimales. En cada una de ellas había un perro grande encadenado, de tal manera que le fuera posible alcanzar el borde exterior de la propiedad, pero no ir más allá, por lo que debías deslizarte con cuidado entre los lindes. Recuerdo que esos perros eran feroces y más adelante supe que los esquimales no suelen alimentarlos de manera regular, lo que suponía una motivación adicional para su agresividad; podían comerte de veras, no solo intentar hacerte daño.

De nuevo con Bill Drury

Quien lea este libro, tras leer tantas páginas sobre Bill Drury, acaso se pregunte por qué no le sonaba su nombre, si era un artista, naturalista e imitador de las aves tan magnífico. A decir verdad, pese a todas sus capacidades, no era buen orador ni era capaz de redactar siguiendo una lógica. De hecho, padecía dislexia. Correspondía a otros llevar al papel sus extraordinarias percepciones con un estilo que pudiera convencer a los no convencidos. Siempre he pensado que uno de mis grandes golpes de suerte fue poder ser uno de esos «otros».

Creo que no valoré en su justa medida la importancia que tuvo Bill Drury para mí hasta que murió en 1992, a los setenta y un años de edad. Al cabo de unos meses, una noche me sorprendí gritando: «¿Dónde estás ahora, Bill, cuando más te necesito?», y derramé amargas lágrimas; lágrimas por el fantástico y maravilloso profesor al que recordaba con tanto afecto, y también lágrimas por mí mismo, obligado ahora, al fin, a navegar solo por las aguas de la vida y la biología, sin aquel guía afable y de confianza que tenía profundos conocimientos sobre conducta animal, ecología, botánica, geología y comportamiento humano.

3

Recuerdos de Ernst Mayr

Ernst Mayr fue el mayor evolucionista norteamericano que he conocido a lo largo mi vida, un auténtico «Don Especies Animales»
poseedor de amplios y profundos conocimientos en casi todos los
campos de la biología. De entre todos los seres que he conocido,
quizá también fuera el que tenía el fenotipo más marcado. Vivió hasta los cien años y publicó más libros –nada triviales, por
cierto– después de haber cumplido noventa que la mayoría de
los científicos en una vida entera. Su carácter, su personalidad y
su forma de expresarse rebosaban firmeza. También le gustaba
informar sobre lo que otros decían sobre él. Al margen de si se
hablaba de alguna cuestión impenetrable de la biología evolutiva,
de la manera de pronunciar correctamente una palabra o de la
medida exacta de tus puntos débiles, nunca te asaltaba duda alguna sobre la postura de Mayr. Tuve la suerte de tratarlo durante un
período de unos treinta años, que comenzó con mi propia incor-
poración a la biología evolutiva.

Primer encuentro

Conocí a Ernst Mayr en la primavera de 1966, en su despacho del
Museo de Zoología Comparada. Me llevó hasta él mi profesor,

William Drury, también antiguo alumno de Mayr. Bajo la tutela de Bill, acabé convencido, en menos de nueve meses, de que era posible llegar a ser un biólogo evolutivo a la avanzada edad de veintitrés años, pero nunca antes de haber hecho un curso de biología o química. La visita a Ernst Mayr tenía la finalidad de reforzar esta idea y ofrecerme ayuda a lo largo del proceso. Mayr era entonces director del Museo de Zoología Comparada de Harvard y desarrollaba su labor en un despacho sorprendentemente pequeño en comparación con el mucho más espacioso de su secretaria, situado enfrente. Mayr, un hombre bajito, tenía una mirada clara y penetrante y un semblante afectuoso. Tras la conversación inicial, Ernst me dijo que no era en absoluto imposible ser biólogo a mi edad, a pesar de mi falta de experiencia. Citó el caso de Richard Estes, que siendo un periodista de casi cuarenta años y sin ninguna formación en biología, había vuelto a estudiar y ahora estaba llevando a cabo un trabajo de campo de primer orden sobre el comportamiento social de los ñus como parte de su tesis doctoral en Cornell. Estes había estudiado química en horario nocturno, me explicó Ernst, que me animó a hacer lo mismo. «Estudia química por la noche en la Universidad de Boston», dijo. «En Harvard es demasiado difícil, pues está pensada para alumnos de cursos preparatorios de medicina y biólogos moleculares». Me instó sobre todo a evitar el famoso curso de química orgánica de Harvard. Le expliqué que planeaba pasar un año en Harvard como estudiante especial y compensar las deficiencias en mi formación universitaria. «¿Dónde te gustaría hacer tus estudios de posgrado?», preguntó Ernst. Sugerí que sería interesante trabajar con Konrad Lorenz. «¡No!», exclamó Ernst. «Es demasiado austriaco para ti, demasiado autoritario. ¿Quién más?» Apunté que acaso sería buena idea colaborar con Niko Tinbergen. «No», dijo Ernst con menos rotundidad. «Ahora en los sesenta solo está repitiendo lo que ya decía en los cincuenta. ¿Quién más hay?» Era el momento de alguna aportación nueva, desde luego, así que le pregunté: «¿Qué propone usted?».

Entonces, Ernst puso los brazos en jarras y dijo: «¿Y qué hay de Haaarvard?». Qué tonto, pensé, golpeándome la sien con la mano. ¡Harvard, claro! Ernst dejó claro que Harvard era una universidad muy sólida en biología evolutiva, y que esta era una disciplina en la que uno disfrutaba formándose. Aunque el único profesor de conducta animal de Harvard acababa de irse a Rockefeller −Donald Griffin, el famoso estudioso de la ecolocalización de los murciélagos−, Ernst señaló que buena parte del trabajo conductual se realizaba con grupos taxonómicos concretos. Varios alumnos suyos estaban estudiando la conducta de las aves. Había conductistas que trabajaban con lagartos, serpientes e insectos sociales. Además teníamos el Museo de Zoología Comparada, los Museos Botánicos y los taxonomistas correspondientes, que atendían a los intereses de Harvard, naturalmente, incrementando el valor de las colecciones.

Creo que Ernst me convenció en el acto. Cuando llegué a su oficina estaba yo pensando como un típico conductista animal de los sesenta con intereses evolutivos. Es decir, estaba pensando como alguien atraído por la labor de naturalistas como Lorenz y Tinbergen. Sin embargo, Mayr sabía mejor que yo que el hábitat más amplio de la conducta animal era la biología evolutiva, y que cuanto más dominara uno ese hábitat, más valioso sería su trabajo en su especialidad.

Primera clase

La primera clase de biología a la que asistí como oyente no habría podido ir mejor. Se trataba de un curso de posgrado dirigido en 1966 por Ernst Mayr y George Gaylord Simpson, el célebre paleontólogo de los vertebrados. Consistía en clases de Mayr y Simpson durante la primera mitad del curso y luego el análisis de los trabajos de los alumnos en la segunda mitad. Cada trabajo se mimeografiaba y distribuía, y una semana después se discutía en clase durante una hora. El libro sobre la adaptación y la selección natural de George Williams (1966) figuraba en la lista de lecturas recomendadas, y una estudiante redactó su ponencia sobre la teoría del parentesco de Hamilton en su aplicación a los himenópteros haplodiploides (1964). En otras palabras, estábamos al día.

Simpson era un verdadero espectáculo, por cierto. De baja estatura pero con un aspecto más dulce que el de Mayr, lucía gafas gruesas y parecía que le temblaban las manos y los ojos. No obstante, cuando se ponía en pie para hablar, lo hacía con párrafos limpios y claros, sin que hiciera falta repetir nada. A veces daba la sensación de que había alguien a su lado grabándole las palabras en piedra, de tan bien escogidas que estaban. Esto queda subrayado por algo que pasó en la clase sobre los primates y la evolución humana. Simpson comenzó esbozando hábilmente la historia de los primates tal como aparece revelada en los registros fósiles, pero cuando llegó a la familia de los homínidos, se calló y dijo que como era la parte más interesante de la materia, Mayr se la había reservado para él. Acto seguido, Simpson se sentó y Mayr se levantó y explicó resumidamente la evolución de los homínidos. Por lo que yo sé, lo hizo mejor de lo que lo habría hecho Simpson, pero también sé que en ese momento muchos sentimos una amarga decepción. Valdría le pena oír cualquier cosa que Gaylord Simpson tuviera que decir sobre la evolución humana, aunque fuera falso. Y no teníamos motivos para sospechar tal cosa.

Recuerdo una discusión memorable en la que participaron Mayr, Simpson y la anemia falciforme. Tras haber revisado varias partes de la historia evolutiva –la frecuencia del gen de la anemia falciforme en la población natural en su relación con la propagación de la malaria–, tuvieron ocasión de referirse al mecanismo molecular mediante el cual obraba el gen. Creo que fue Simpson quien habló de un artículo recién publicado en una revista celular/molecular según el cual el cambio en una célula sanguínea en forma de hoz aplastaba literalmente al parásito de su interior. Fuera como fuese, de ese momento y de esa clase surgió una maravillosa sensación de que los biólogos evolutivos eran los verdaderos biólogos, los que dominaban la biología a todos los niveles, hasta los detalles moleculares si estos eran de su interés.

Lo que hizo de ese momento algo tan especial fue el uso de la biología molecular, pues desde luego los biólogos de esta especialidad no hacían el menor esfuerzo por dominar la biología evolutiva. Abordaban la disciplina con desdén manifiesto. Cuando hablaban de «biología moderna» se referían a la biología molecular moderna… mientras la biología evolutiva despertaba el mismo entusiasmo intelectual que un cruce entre el coleccionismo de sellos y el estudio de las lenguas muertas.

En otras palabras, los biólogos moleculares se sentían en la cumbre. Pero es que encima eran insoportablemente arrogantes e ignorantes. En cualquier caso, si eran capaces de intimidar a la mayoría de los evolucionistas, no podían hacer lo propio con Ernst Mayr, quien tenía como ámbito propio el tema en su conjunto –la biología propiamente dicha–, y, cuando hacía falta, se dedicaba a estudiar cada división y subdivisión. En términos académicos, Ernst no sabía de disciplinas ajenas solo porque analizara libros y trabajos; también leía con atención los artículos originales sobre el asunto. No venía mal que fuera también él el elemento dominante desde el punto de vista físico y verbal.

Hablando en plata: a Ernst Mayr no le fastidiaba *nadie*. A los estudiantes evolutivos esto nos procuraba un respaldo y un refuerzo de cuyo valor éramos vagamente conscientes. Aunque destacados e incluso famosos biólogos moleculares podían tratar a distinguidos paleontólogos o célebres taxonomistas con un desprecio apenas disimulado, con Ernst Mayr no podían hacer ni mucho menos lo mismo. Quizá me contagié de parte de la confianza de Ernst en sí mismo porque en una ocasión, camino de la biblioteca, un amigo mío y yo nos cruzamos con dos biólogos moleculares y mi amigo oyó a uno decir al otro: «He olvidado más biología de la que sabe Trivers». Me sentó la mar de bien porque, como es lógico, esto no decía nada sobre nuestro conocimiento relativo actual. Quizá el biólogo había olvidado *todo* lo que supiera en otro tiempo.

La referencia clave

Para un alumno de posgrado en busca de ayuda, Mayr era el mejor profesor a quien recurrir. Si tenías un problema, Ernst te recomendaba las referencias clave con más rapidez que nadie. Por lo general, también veía enseguida el contexto más amplio de tus preocupaciones y te ayudaba a tomar más conciencia de tu propio esfuerzo. Por ejemplo, cuando le expliqué la hipótesis Trivers/Willard sobre el ajuste de la proporción sexual primaria al sexo con el mejor rendimiento, yo sabía algo del ajuste de la proporción sexual *in utero* en los seres humanos, pero Ernst me dijo que no le sorprendería si hubiera otro ajuste en el momento de la concepción propiamente dicha, posibilidad que actualmente está confirmada en numerosos organismos.

La referencia más útil que jamás me diera Mayr ayudó a revolucionar nuestros conocimientos sobre la selección sexual. Estaba yo siguiendo un curso de lectura suyo sobre genética. Ernst no animaba a los estudiantes de posgrado en biología evolutiva a hacer el curso de genética de Harvard porque este se centraba demasiado en lo molecular y no enseñaba genética de poblaciones. Nuestros primeros encuentros versaron sobre los primeros capítulos de un libro de Whitehead sobre genética. Yo me había quedado rezagado en la lectura del cuarto capítulo y estaba elaborando una serie de pensamientos relativos a la selección sexual surgidos de observaciones de palomas. Dediqué una reunión con Ernst a comentar estas reflexiones.

Tras escucharme, Ernst dijo: «Bob, ¿has leído la *Heredity* del 48 de Bateman?». Dije que no. «Lee la revista *Heredity* del 48», dijo él. «Ahí está la clave de lo que estás diciendo.» A continuación

DANDO CLASES SOBRE BATEMAN. En Harvard, hacia 1972. Estoy diciendo que con un incremento del número de copulaciones, aumenta el éxito reproductivo masculino, mientras que el femenino no. (Foto cortesía de Sarah Hrdy.)

tocamos algunos temas de poca importancia y me fui. Recuerdo que tardé unas seis semanas en aparecer de nuevo y, antes de haber estudiado aún nada de genética, me atreví a contarle al doctor Mayr algunas historias nuevas sobre palomas. Ernst me escuchó solo algunas frases. «Dime, Bob», dijo inclinándose hacia mí. «¿Has leído ya a Bateman en *Heredity* del 48?» Le contesté que no. Y entonces él dijo algo por lo que siempre le querré. «Lee a Bateman en *Heredity*. No proseguiré esta conversación hasta que lo hayas hecho.» Salí de su despacho con un deseo ardiente: leer a Bateman en *Heredity* del 48. Esa noche, inclinado sobre la fotocopiadora, mi cuerpo bañado en su luz entonces verde y detestable –los testículos bien apretados al lado de la máquina por si la luz era mutagénica–, copié el número de *Heredity* del 48 de Bateman sacado de la biblioteca de la universidad, pues a partir del anochecer era gratis. Y esa noche leí a Bateman y, como dice la Biblia, se me cayó la venda de los ojos. Lo que decía Bateman, a diferencia del resto, es que había una diferencia en el éxito reproductivo (ER) analizado mediante el sexo. Esto colocaba todo el asunto de la selección sexual sobre unos cimientos más precisos y rigurosos. Bateman también explicaba la selección sexual –es decir, la mayor divergencia en el ER en la *Drosophila* macho– haciendo referencia a la inversión parental relativa, concepto que ya había sido utilizado por Ronald Fisher y George Williams. Sin embargo, ni Fisher ni Williams habían examinado la *divergencia* en el éxito reproductivo.

Curiosamente, no recuerdo qué le dije a Ernst cuando volví a verle, pero nunca olvidaré el profundo efecto que me produjo aquella noche el trabajo de Bateman del 48, ni que Ernst Mayr parecía ser el único conocedor del artículo (incluyendo, en cierto modo, al propio Bateman) y que fue él quien se aseguró de que yo lo leyera. Era una señal de su tremenda memoria el que recordara mejor que tú una instrucción que te hubiera dado recientemente. De hecho, como me dijo una vez, había nacido con una memoria fotográfica, pero la había ocultado muchos años dada la evidente ventaja que le procuraba en un sistema educativo alemán basado exclusivamente en la memorización. También me explicó que más o menos a los cincuenta y cinco años esa facultad suya empezó a menguar, aunque todavía le quedaba lo que cabía considerar una muy buena memoria.

Creo que Ernst habría podido escribir algo como el trabajo que acababa de redactar yo, salvo por una circunstancia curiosa. Cuando fui a pedirle ayuda en relación con los detalles de mi capítulo, sacó una carpeta en la que guardaba material sobre la selección sexual y se disculpó por el escaso número de artículos que contenía. Me explicó que ya no permitía a los alumnos llevarse carpetas de su oficina debido a una mala experiencia que había tenido con la dedicada a la selección sexual. Al igual que

ERNST MAYR Y SARAH HRDY. Parece que Sarah ha interrumpido momentáneamente a Ernst, no que él ponga objeciones. Quizá era más competitivo con los hombres. (Foto cortesía de Dan Hrdy.)

Darwin, le gustaba guardar carpetas sobre temas de su interés, a menudo durante décadas, por lo que cuando por fin se sentaba a escribir sobre el asunto contaba con mucha información. Un estudiante de posgrado había visto esta gruesa carpeta sobre la materia, se la había pedido prestada para un par de días y no se la había devuelto. Y Ernst, a quien por una vez le fallaba la memoria, no recordaba quién se la llevó prestada. La carpeta contenía los papeles acumulados durante treinta años, y el ladrón había dejado a Ernst sin la voluntad ni el ánimo necesarios para abordar el problema de nuevo.

Años después, escribí a Bateman. Le envié un libro para niños que había escrito yo sobre su obra, y le pregunté cómo había llevado a cabo su trabajo del 48. Me contestó diciendo que en aquella época era algo rutinario realizar experimentos de elección al revés; por ejemplo, un macho al que se ofrecía la opción de dos hembras. Esto casi nunca revelaba ejemplos llamativos de discriminación. En cambio, él tenía la sensación de que se trataba de un método endeble para llevar a cabo un experimento de elección de pareja y, sin ser especialmente consciente de por qué, notó *de manera natural* que serían las hembras las que constituirían el sexo discriminador. Así pues, fue el primero en realizar experimentos en los que se daba a las hembras la potestad de escoger entre varios machos.

Sus experimentos ponían de manifiesto que cuando se daba a las hembras esta opción y los machos debían competir por el acceso a las hembras, el éxito reproductivo masculino variaba más que el femenino: más machos con un ER alto y más con un ER nulo. En ciencia, solemos creer que el registro escrito nos libera de muchas de las limitaciones de la historia oral, y, sin embargo, teníamos aquí un caso en que la totalidad de una disciplina, con la excepción de un hombre, había pasado por alto un trabajo clave; y establecer contacto con este hombre me permitió ser el primero en elaborar una teoría general sobre la evolución de las diferencias sexuales.

Un hombre afectuoso

Ernst era un hombre muy afectuoso, sobre todo con las mujeres. Pondré dos ejemplos; uno tiene que ver con su mujer y el otro con la mía.

Por lo que podía verse desde fuera, Ernst y Gretel mantenían una relación muy tierna. Poseían una bonita casa en Cambridge y una vieja granja estilo Nueva Inglaterra en New Hampshire, y el placer de visitarlos tenía que ver con el amor que transmitía su relación.

Existe una divertida anécdota en que Ernst metió la pata que podría tomarse como ejemplo de esa relación. A última hora de la tarde, me encontraba yo en su casa de Cambridge cuando pregunté a Ernst (que me explicaba algo de la amplia literatura extranjera que estaba utilizando para su libro sobre historia de la biología) quién le había traducido un fragmento concreto. «Lo hice yo», contestó. Casi al instante, Gretel interrumpió con un tono un tanto mordaz: «¡Lo hice yo, Ernst! *Yo* traduje ese artículo». Ernst pareció avergonzado y lo reconoció. Gretel se dirigió a mí y dijo: «Bob, ya sabes que Ernst y yo somos como una sola persona, pero *aun así* quien tradujo eso fui *yo*». Como si hiciera penitencia, las dos o tres veces que Ernst se refirió de nuevo al trabajo, incluso esa misma tarde, siempre añadió: «… que mi esposa tuvo la bondad de traducir».

En el caso de su amabilidad con mi esposa, resulta que estábamos invitados a la granja, y mi mujer, entonces embarazada, y yo llegamos un poco tarde. Ernst había organizado un pequeño paseo campestre por su propiedad. Advertí que estaba llevándonos por un sendero que pasaba cerca de un riachuelo y un valle pero se veía limpio de ramitas y hojas de sauces. Le pregunté al respecto, y admitió que había estado a cuatro patas desde las seis de la mañana, adecentando toda la zona para que mi esposa encinta no resbalara y se cayera. ¿Cómo no ibas a querer a un hombre así? Aun así estaba enfadado por nuestro retraso, como es natural.

Ernst como brújula moral

Ernst desempeñó en mi vida el papel de brújula moral. Pocas son las personas que pueden servirnos como referente moral de una manera sólida o duradera. Huelga decir que estos individuos ocupan un lugar único en nuestra vida. Otros discutirán con nosotros sobre la moralidad de nuestra conducta, pero su propio sistema será tan imperfecto que nos brindará numerosas oportunidades para librarnos de sus acusaciones. Con Ernst no era así. Si consideraba que estabas equivocado, casi seguro que estabas totalmente equivocado, y no cambiaría de opinión en ningún caso de no haber sólidas pruebas en sentido contrario.

Ernst actuaba como brújula moral de muchas maneras distintas: con respecto a los principios financieros, los vicios personales como el consumo de drogas, el nivel de «productividad académica», las cuestiones familiares, etc. La crítica más dura que me hizo fue sobre mi persistente consumo de marihuana, que me instó a dejar en 1977. Entonces lo comparaba con su experiencia a principios de los años treinta, cuando él había dejado el tabaco. Se fumaba dos paquetes diarios, decía. Y lo hizo tan drásticamente que no volvió a tocar un cigarrillo, pues sabía que era demasiado débil: si cogía uno, volvería a engancharse. Al decirme esto, me miró fijamente a los ojos. Lo dejé exactamente durante tres días. En la década de los ochenta, muchas veces me resultó doloroso visitar a Ernst debido a su palpable decepción. Yo no lo había dejado, y no era productivo. Nunca he exhortado a nadie a que fume para llegar a ser más productivo... o un pensador más original. Más bien al revés; solo lamento no haber sido más fuerte y capaz de haber dejado el vicio.

Justo antes de irme de Harvard, en 1978, un amigo mutuo sufrió un ataque cardíaco, sin duda agravado por sus dos adicciones, el alcohol y el tabaco. Varios de nosotros fabulamos que nuestro amigo solo escucharía a Ernst Mayr, en el mejor de los casos, y yo asumí el encargo de pedir a Ernst que hablara con el enfermo. Ernst escuchó mi enumeración de los defectos del hombre asintiendo en todo, pero se mostraba un tanto reacio a hablar con él pues, a su juicio, no serviría de mucho. Ciertas personas discrepan de los consejos al principio, decía Ernst, y nuestro amigo era de los que aceptaría las recomendaciones pero luego seguiría haciendo todo lo contrario. Me reí, disfrutando de mi superioridad moral sobre el amigo en cuestión, pero Ernst me sacó de mi ensueño. Se inclinó hacia delante y declaró: «Y tú, Bob, eres igual».

En 1982, visité Harvard y expliqué a Ernst que estaba trabajando en una teoría sobre el autoengaño. «Qué apropiado», dijo él. Cuando le conté a Huey Newton la respuesta de Mayr, se rio y dijo: «Pero ¿qué otra cosa esperabas? Una persona con un nivel bajo de autoengaño jamás mostraría demasiado interés ni conocimientos sobre el tema». Así, quizá lo irónico del asunto sea que la guía de una introducción a la ciencia del autoengaño (yo mismo en *La insensatez de los necios: la lógica del engaño y el autoengaño en la vida humana*, 2013) presente una gran dosis de autoengaño. No obstante, la principal razón para crear una ciencia es que debe autocorregirse, no basarse en la reputación, la jerarquía, la ignorancia, el candor o el sesgo autoengañoso. Cualquier punto débil que yo introduzca ha de corregirse sin dificultad.

En cuestiones de poca importancia, Mayr era capaz de cambiar mi comportamiento con una sola intervención. Recuerdo estar sentado en su despacho hablando de «diseccionar» un animal pero pronunciando mal, diciendo «die-sect»[1]. De pronto, sin previo aviso, Ernst descargó el puño con fuerza sobre el escritorio. «*Dissect*», dijo. «Es *dissect*, con dos eses, no con una como en die-sect. Bisecas [*bi-sect*] un ángulo, diseccionas [*dissect*] un animal.» Parece de chiste, pensé. He aquí un hombre con un marcado acento alemán sermoneándome sobre cómo pronunciar bien en inglés. En cualquier caso, el incidente tuvo en mí tal efecto que, hasta el día de hoy, aunque puedo soportar muchas dicciones erróneas, me fastidia oír a alguien pronunciar la palabra «dissect» como si fuera «die-sect», forma habitual entre los biólogos. Todavía me apresuro a corregir a la gente, como hizo Ernst conmigo. Había aparecido en mi vida un meme algo dawkinsiano que jamás ha decaído, que se me quedó grabado de manera firme y sólida. De todos modos, creo que, salvo en mi caso, su intento de autorreplicación no ha dado muy buenos resultados.

---

[1] En inglés, diseccionar es *dissect* (*N. del t.*).

Ernst se me aparece en un sueño

En el verano de 1974, estaba yo trabajando día y noche para terminar un borrador de mi trabajo con Hope Hare sobre la evolución de los insectos sociales. Los datos que habíamos recopilado y analizado revelaban un llamativo patrón sobre la relación madre-hija en las hormigas. Se esperaba que ambas partes –madres e hijas– discreparan con respecto a dos variables: la cantidad relativa de trabajo invertido en producir machos reproductores en comparación con hembras reproductoras (proporción de inversión), y la proporción de machos resultantes de huevos puestos por obreras en contraposición a los huevos puestos por reinas. Diversas medidas de estos parámetros daban a entender que la madre (la reina) ganaba en el conflicto sobre la producción masculina: la mayoría de los machos, o todos, procedían de huevos puestos por ella. En cambio, las hijas (obreras) parecían determinar la tasa de inversión a su favor. ¿Por qué tenía que ser así? ¿Por qué dominaba la reina una variable mientras las hijas dominaban la otra? Me sentía muy motivado para resolver el puzle porque, si lo conseguía, esto redondearía el artículo que estaba escribiendo y le daría una apariencia de «totalidad» que, de lo contrario, no tendría.

Un día trabajé hasta altas horas en ese problema sin hacer muchos progresos. Cuando por fin me fui a dormir, caí en un sueño inquieto y agitado. Muy pronto tuve una visión de Ernst Mayr. Los dos estábamos en un nido de hormigas bajo tierra, reducidos al tamaño de los bichos. Mientras las obreras iban y venían a su paso, alcanzamos a ver en un segundo plano una gran reina fisogástrica expulsando huevos. Ernst señalaba todo el rato a la reina diciéndome: «Bob, es la posibilidad de que la reina se esté muriendo; es la posibilidad de que la reina se esté muriendo; esta es la clave, la posibilidad de que la reina se esté muriendo». Me desperté hacia las seis de la mañana y, como un personaje de película de serie B, con un sudor frío farfullaba para mis adentros: «Es la posibilidad de que la reina se esté muriendo, la posibilidad de que la reina se esté muriendo». No había visto nunca a Ernst Mayr equivocarse en la vida real, y no tenía motivo alguno para pensar que estuviera equivocado en mi sueño, por lo que inmediatamente me puse a pensar en que «la posibilidad de que la reina se esté muriendo» acaso explicara el misterio que había sacado yo a la luz.

Durante varias semanas probé diferentes maneras en las que la posibilidad de que la reina muriese resolviera mi puzle. Al final entendí lo que tenía Ernst Mayr en la cabeza. La posibilidad de que la reina estuviera muriéndose era en efecto la variable clave, pues si en un conflicto con sus hijas la reina tenía que morir, en la mayoría de las especies la colonia misma sucumbiría enseguida, ya que solo la reina es capaz de producir hijas estériles, es decir, obreras para mantener la colonia con vida. Además, aunque se observara una sustitución que mantuviera viva la colonia, las obreras ya no serían capaces de criar hermanas carnales con las que estuvieran emparentadas excepcionalmente en tres cuartas partes. Así pues, la muerte de la reina amenazaba con destruir la colonia y, en cualquier caso, eliminar al único individuo capaz de producir hermanas muy emparentadas. Cabría esperar que las obreras tuvieran dudas en cuanto a causar daño a su madre y, en vez de ello, tendieran a ceder en cualquier disputa. Entonces la reina debería ser capaz de valerse de su dominio para imponer su propia producción de machos en la colonia. En cambio, la proporción de inversión en los sexos, al ser el resultado de miles de actos de cuidado independientes por parte de las obreras, no puede ser impuesta por la reina.

Una vez, en la Universidad de Connecticut en Storrs, un hombre de sesenta y tantos años se me acercó tras mi charla y me dio las gracias por contar la historia del sueño de Ernst Mayr. Él también tenía una historia que contar, dijo. En la década de los cincuenta, Mayr había visitado su escuela y pronunciado una conferencia. A la sazón, había un miembro del departamento, ya sesentón, que siempre insistía en formular la primera pregunta, invariablemente mal planteada, intrincada y con poco o ningún sentido. Cuando la disertación de Mayr tocaba a su fin, él y otros miembros del departamento pensaron «tierra, trágame». Que ese colega los abochornara frente a otros visitantes ya era malo, pero delante de Ernst Mayr, el más importante biólogo evolutivo de la historia de EE. UU., ya sería el colmo.

Como de costumbre, Ernst dio la palabra a los presentes, y el hombre saltó con una pregunta larga y deshilvanada cuyo contenido, caso de tenerlo, era un tanto confuso. Hubo una pausa, y Ernst recorrió el público con la mirada y dijo: «¿Hay alguna pregunta *que venga al caso?*». A partir de ese momento, mi interlocutor, según explicó, se volvió fan de Ernst Mayr. Ernst había aplastado su vieja pesadilla con limpieza, en público, y sin dar a entender que aquel hombre fuera representativo del departamento. Mucho mejor este enfoque claro y sincero que el habitual intento de conferir sentido a una pregunta sin sentido, alimentada por un miedo secreto a que el hombre representara realmente a los presentes.

«De algo hay que morir»

En sus últimos años, Ernst vivió en una «casa de asistencia», pero como estaba sano y fuerte, la asistencia era mínima. Tenía un pequeño apartamento lleno de libros en estanterías y amontonados por el suelo. Comía en un restaurante del edificio, y el único cambio físico que noté yo fue cierta tendencia a andar apoyándose en la parte anterior de la planta del pie. Advertí varias bebidas alcohólicas fuertes en su mueble-bar e hice alguna observación al respecto. Ernst no era abstemio, y desde que lo conocía le había visto tomarse de vez en cuando una copa en algún acto social, en su casa o cualquier otra parte. Pero ¿por qué tanta variedad? Ernst me dijo con cierta vergüenza que había varias mujeres que lo visitaban —de setenta y tantos años—, y por eso tenía lo que le gustaba a cada una. También dijo que ellas querían de él algo más que alcohol, pero nunca consintió en ello, «porque sé que *ninguno* de los dos habría disfrutado».

Ernst murió a los cien años. Fuerte y lúcido hasta el final. Por lo visto, Lynn Margulis, estudiante y amiga íntima, dijo: «Vaya, Ernst, tienes cáncer»; a lo que él replicó: «Qué le vamos a hacer, de algo hay que morir».

4

En Jamaica me convertí en un hombre lagarto

En la primavera de 1968, fui admitido en Harvard como alumno de posgrado en biología, y recibí un pequeño estipendio para llevar a cabo durante el verano las investigaciones que deseara. Al principio estaba decidido a volar a Panamá. El Smithsonian mantiene un centro de investigación en la isla Barro Colorado, que fue creado cuando se formó un lago artificial debido a la construcción del canal. Tenía intención de ver monos aulladores, pero mi consejero, el doctor Ernest Williams, iba a realizar un viaje de recolección a Jamaica y no sabía conducir. En vez de contratar a un chófer jamaicano, sería más fácil, y es de suponer que más divertido, que yo fuera su conductor y compañero. Me propuso observar los lagartos con él.

Como conservador de herpetología en Harvard, Ernest era el encargado de mantener y mejorar las colecciones de reptiles y de anfibios. Estaba especialmente satisfecho con su colección de lagartos *Anolis*, un género de lagartos iguánidos con más de doscientas especies diseminadas por las Indias Occidentales, Centroamérica y Sudamérica; por otra parte, el «camaleón» americano del sur de Estados Unidos, observado en varios estados meridionales y numerosas tiendas de mascotas, se llama *Anolis carolinensis*. Estas especies, sobre todo las extendidas por las Indias Occidentales, corresponden a un conjunto completo de experimentos evolutivos realizados en paralelo. Variables subyacentes como el tamaño de la isla, la altura de la percha, el tamaño corporal, la ecología alimentaria y el número de otras especies de *Anolis* cercanas procuraban una descripción detallada de los nichos de los lagartos que permitía compararlos de una isla a otra. Una ventaja adicional de estos lagartos es que son trepadores y, por tanto, en un escenario como Jamaica, resultan mucho más fáciles de localizar y capturar que los que viven al nivel del suelo.

Ernst utilizó todos los argumentos a su alcance para convencerme de que fuera con él a Jamaica. Afirmaba que cualquier idiota era capaz de estudiar un mono (de esto estaba yo seguro), pero que para estudiar los lagartos hacía falta un auténtico biólogo (quizá). Señaló que si yo estaba obsesionado con la conducta de los monos, en Jamaica había un mono *fósil*, y efectivamente así era. Al final me agotó y decidí acompañarlo. Y a día de hoy no me he arrepentido.

Como supe más tarde, la observación de monos aulladores se producía a distancias de veinte metros o más, con apariciones ocasionales percibidas desde abajo cuando un grupo se desplazaba entre árboles. En una expedición de monos aulladores, tu gran esperanza es conseguir una buena imagen de los testículos, para así poder determinar sin ambigüedad el sexo de al menos un individuo. En cambio, el trabajo con lagartos podía fácilmente exponerte a veinte miembros de una especie al día, dentro de un área de estudio definida, y es posible establecer la identidad de cada lagarto con relativa rapidez mediante la captura, el marcado y la liberación. Además, como descubriría más tarde, el estudio de los lagartos permitía acercarse al conjunto del país y su cultura, no solo a alguna reserva natural aislada. El hecho de que los jamaicanos temieran y detestaran a los lagartos era también una ventaja. Conocido por todas partes como «el hombre lagarto», yo ya tenía poder solo en virtud de este apodo.

El enigmático *Anolis valencienni*

En cualquier caso, ahora Ernest Williams y yo iniciábamos juntos una semana de trabajo con lagartos en Jamaica. Llegamos a Kingston por la noche y bajo un tremendo aguacero nos dirigimos a Maryfield Guest House, una enorme y deteriorada casa inglesa situada en un terreno de tres acres. Los hermosos y viejos árboles y el bien cuidado jardín atraían a una gran población de lagartos. Comenzábamos nuestro trabajo de campo durante el desayuno en la galería, mientras observábamos el lagarto común *Anolis lineatopus*. Los machos y las hembras se calentaban al sol y luego se dedicaban a exhibirse y a participar en encuentros agresivos a la vez que ocupaban nuevamente sus territorios. Cuando disfrutaban de un poco de juego social en las primeras horas de la mañana, esos pequeños lagartos, brillantes y activos, evocaban vagamente a los cachorros o los niños.

Ernest atrajo pronto mi atención hacia una especie más siniestra que permanecía en un segundo plano. Era el *Anolis valencienni*, que se movía de una manera muy particular, despacio y siguiendo un patrón serpenteante. Los individuos de esta especie parecían inusitadamente abundantes en la Guest House, y como no había sido estudiado ningún *Anolis* de esta clase, enseguida me concentré en descifrar su sistema social. El lagarto resultó ser inusual en diversos aspectos: totalmente no territorial y con una pequeña papada en las hembras, rasgos no presentes en otros *Anolis*. El lagarto era asimismo excepcional por el hecho de que cazaba insectos activos de noche pero inmóviles durante el día, de ahí su carácter enigmático. Para encontrar y atrapar esos insectos, el lagarto tenía que moverse continuamente además de seleccionar un camuflaje extremo. Si te encontrabas observando uno de estos lagartos posado en un árbol mediante unos potentes binoculares y te distraías por algún motivo durante un momento, podía ocurrir que al volver a mirar ya no lograras ubicar de nuevo al animal, aunque siguiera inmóvil en el mismo sitio.

Ernst regresó a Estados Unidos y yo me quedé en Jamaica otros diez días: el coche de alquiler pagado con el dinero de Ernest, y el hotel, la gasolina, etc., con mi asignación de Harvard. Estudiaba el *Anolis valencienni* de día y la ciudad de Kingston de noche. Como me gustó el panorama en su conjunto, decidí volver a Jamaica el verano siguiente para, durante unos buenos tres meses, continuar ambos estudios. Mi broma habitual era que, a mi llegada, eché un vistazo a las mujeres, después a la isla, y luego decidí que, si para costearme los frecuentes viajes tenía que importunar a los lagartos, me daría a mí mismo una lección de humildad y me convertiría en un «hombre lagarto». Y eso es exactamente lo que hice.

Como el *valencienni* es muy misterioso y casi nunca baja al suelo y yo no trepo a los árboles –de hecho, tengo tanto miedo a las alturas que en una escalera de mano casi nunca subo más de un peldaño–, al regresar a la isla veía y capturaba muy pocos. No obstante, instalado en tierra como estaba, sí hice algunas observaciones memorables. En una ocasión vi a una hembra posada en una gran rama, cabeza abajo. Descubrió un insecto en una bromelia cercana y, olvidándose temporalmente de la separación entre las plantas (o al menos eso pareció), se lanzó hacia delante ansiosa por atrapar al insecto, pero al punto cayó al suelo desde unos seis metros de altura. Durante unos instantes no se apreció ningún movimiento, y pensé que había visto realmente a la selección natural en acción. En este caso, la selección obraría contra el hecho de ser olvidadizo cuando se está en una posición elevada, algo que me ha preocupado toda la vida y el origen de mi tremendo miedo a las alturas, tal como veremos más adelante. Me acerqué a la escena del luctuoso suceso, pero lo que vi fue a una hembra salir corriendo totalmente ilesa. No se había hecho el menor daño. Millones de años de selección natural ya habían intervenido antes en esta situación: el animal parecía ingrávido.

Anolis Valencienni. Obsérvese lo extraordinariamente enigmático que es este animal incluso cuando lo observamos desde un lado. (Foto cortesía de Michelle Johnson.)

Llegué a ser un obseso de los lagartos verdes

Un domingo, fui con una amiga a hacer la típica visita relámpago al campo. Salimos de Kingston a las cinco y media de la mañana, condujimos tres horas sin parar hasta una casa rural, tomamos un copioso desayuno, y luego dormimos y bebimos en exceso. Al cabo de tres o cuatro horas, pusimos de nuevo rumbo a Kingston. Pero no antes de que el hermano de catorce años de mi amiga trepase a un árbol para bajar un gigantesco lagarto verde de las ramas superiores de un mango. El chico notó mi entusiasmo cuando me mostró el lagarto y me preguntó si me gustaría sostenerlo. Por supuesto, dije. Así fue como descubrí la manera de dar esquinazo a ese hombre absurdo incapaz de trepar a los árboles para estudiar especies trepadoras. Jamaica andaba sobrada de adolescentes que ya no asistían a la escuela y estaban más que dispuestos a subirse a un árbol y atrapar lagartos a cambio de dinero.

A lo largo de las siguientes semanas volví a Southfield varias veces a encargar a esos chicos que me cazaran lagartos. El que había atrapado el hermano de mi amiga era un *Anolis* gigante. En el mundo hay muchas especies de *Anolis* gigante (solo en Cuba, cinco), pero nadie había estudiado nunca ninguno, y enseguida tuve ganas de hacerlo. Como ahora tenía acceso a ellos gracias a mis jóvenes ayudantes, decidí acometer un estudio exhaustivo del lagarto verde. Se trataba de un trabajo de captura/recaptura que me obligaba –afortunadamente– a visitar Jamaica cada tres o cuatro meses para establecer índices de supervivencia y de crecimiento y, más adelante, también de reproducción. A fin de reconocer los lagartos tras su recaptura, les cortábamos las uñas con arreglo a patrones específicos, puesto que estas no vuelven a crecer. También pintábamos un número en la espalda de cada animal para identificarlo sin necesidad de volver a cogerlo; pero como los lagartos mudan la piel cada mes, había que capturarlos nuevamente de forma regular para volver a pintarlos.

Este fue el inicio de mi primer estudio a largo plazo. Lo que empezó con un muchacho de catorce años trepando a un árbol un día de excursión iba a durar tres años y a formar parte de mi tesis doctoral en Harvard. En el espacio de esos tres años regresé a Jamaica con frecuencia y, cuando estaba en el campo, me instalaba en casa de una mujer que siempre me inspiró un gran respeto, la señorita Nini. Era lo bastante mayor para ser mi madre, y con el tiempo acabó siendo mi suegra, por lo que yo me mostraba muy atento y considerado en su patio (y de hecho, en toda la comunidad). De todos modos, cada fin de semana me iba a Kingston.

Los lagartos como objetos de terror

La mayoría de los jamaicanos –tanto hombres como mujeres– detestan a los lagartos, más o menos como los estadounidenses detestan a las ratas. Casi todas las mujeres jamaicanas que conozco pueden contar una historia de horror sobre algún encuentro con un lagarto. Los relatos suelen ser así: por la noche, un lagarto ruidoso cae desde el techo encima de la mujer tendida en la cama; entonces ella se pone a chillar y arrancarse la ropa de dormir, y al final acaba corriendo desnuda por la casa para huir de la odiosa sensación del lagarto en su piel. O también, al coger una escoba, en vez de madera su mano agarra la carne de un lagarto color café con leche maravillosamente camuflado. Estas mujeres todavía recuerdan el espantoso momento en que tocaron carne de lagarto creyendo que era un palo.

En materia de lagartos, los hombres se sienten igual de incómodos que las mujeres. Nada abrevia más deprisa una conversación con la policía –en un control de carretera, por ejemplo– que mi respuesta a su pregunta «¿qué está haciendo en esta isla?»; «Bueno», digo, a menudo inclinándome ligeramente hacia los agentes, «¡estudio la malaria en los *lagartos* de Black River!». Entonces se produce invariablemente una breve pausa seguida de un «muy bien, pues, ¡siga con sus asuntos!». Están más que contentos de librarse de mí. Menos una vez, que fue la excepción a la regla. Un agente del puesto de control me preguntó si podía hacerle la prueba del sida. Durante un momento de delirio estuve tentado de decir «sí». ¿Cuándo volvería a tener la oportunidad de clavarle a un agente de policía un cuchillo en el dorso de la mano (para sacarle sangre, claro) sin que me pasara nada? Pero intervino el sentido común, y dije que no.

Mi estrecha relación con una criatura tan odiada como el lagarto ha dado lugar a algunas interacciones muy interesantes. Cuando los vecinos del lugar vieron por primera vez salir de la vegetación a lagartos verdes con números escritos con tinta blanca en la espalda, creyeron que alguien estaba intentando usar con ellos algún tipo de *obeah*. La obeah es el equivalente jamaicano del vudú haitiano: religión, medicina y guerra psicológica, todo en uno. Cuando se enteraron de que el autor había sido yo, pensaron que intentaba asustarlos con alguna finalidad, usando los números de los animales para liarlos. De hecho, los lagartos tienen efectivamente una importancia especial en la obeah, aspecto que me quedó clarísimo en una visita al inmenso Carnation Market de Kingston, donde uno puede encontrar todo lo que se ha llegado a cultivar en la isla. Un día fui a la sección «bosque», donde hay raíces y plantas autóctonas poco comunes, con el fin de conseguir una receta extendida para mí por la famosa curandera Madre Rita, como antídoto para el consumo excesivo de ganja (marihuana). (Ella también me aconsejó que comiera mucha sandía.) Cuando los hombres me preguntaban cuál era mi trabajo, yo les decía «científico», sin saber que este término significaba para ellos «hombre de la obeah». ¿Y mi especialidad? «Lagartos.» Entonces daban un salto hacia atrás. «¿Cómo? ¿Eres un científico de lagartos?»

Mi inusual actividad me resultó útil en más de una ocasión. Una vez, el famoso «Bag and Pan», un agente de policía de Black

River con fama de hostigar a los pobres y los desvalidos, apareció con su jeep ante mi estudio, situado junto a un camino de tierra, y dijo a mis colaboradores que me llamaran. Mientras andaba hacia él con cuatro lagartos comunes metidos entre los dedos, vi que sacaba la pistola y se la colocaba entre las piernas, cabe suponer que como acto de intimidación. Pero, en esta situación, su movimiento me pareció cómico. Yo sabía que si de repente me inclinaba hacia delante, lo miraba fijamente a los ojos y le tiraba los lagartos encima mientras le agarraba el arma, la situación cambiaría radicalmente: él ahora tendría mis lagartos y yo su pistola. El caso es que me preguntó a qué me dedicaba, y al saber que mi actividad tenía que ver con los lagartos, reemprendió su camino al instante.

El miedo de los jamaicanos a los lagartos también puede ser práctico en contextos menos amenazadores. El sistema bancario del país es conocido por su lentitud a la hora de poner el dinero a tu disposición. Una vez, cuando llevaba ya nueve días esperando en vano un dinero enviado desde Estados Unidos que había llegado a Kingston pero no a mi cuenta de Black River, cedí al impulso de informar a un empleado de la oficina bancaria de que tenía intención de regresar al cabo de un par de horas con tres grandes lagartos verdes y que, si entonces aún no podía retirar mi dinero, los soltaría por ahí. Al volver dos horas después (sin ningún lagarto verde), el director me señaló inmediatamente como «el hombre lagarto», y se precipitó a un cuarto interior del que salió con todo mi efectivo. Si no hubiera sacado mi dinero, no sé si habría cumplido realmente mi amenaza. Como no creo en las amenazas vanas, seguramente sí habría aparecido con tres grandes lagartos verdes macho. Por otro lado, el pandemonio y la desbandada que se habrían producido tras soltar a esos bichos en un banco abarrotado, con unas cincuenta personas haciendo largas colas para coger su dinero semanal, me habrían acarreado múltiples denuncias por homicidio involuntario.

Ese día del banco, «hombre lagarto» parecía un término de honor-rayano-en-el-terror. En cualquier caso, no todo el mundo estaba verdaderamente impresionado por mi relación con los lagartos. En una ocasión, un hombre que viajaba en la parte trasera de un autobús me vio en la carretera con tres o cuatro lagartos verdes gigantes en las manos y gritó «¡hombre lagarto!», y lo único que hicieron los demás pasajeros fue desternillarse de risa. Me quedé atónito. Era evidente que yo tenía cierta querencia especial por los lagartos verdes, pero ¿a qué venían las risas? Pronto me enteré, por mis cazadores, de que ¡el hombre daba a entender que yo había capturado esos lagartos con fines sexuales! Santo Dios, pensé, sé que pensáis que desde el punto de vista étnico estoy infradotado en algunos aspectos, pero ¿tenéis idea de lo pequeña que es la cloaca de un lagarto?

Silbar a un lagarto verde macho provoca paranoia sexual

Ahora que estamos con el tema de los lagartos y el sexo, podría ser un buen momento para mencionar el sorprendente hecho de que los lagartos reaccionan ante las canciones aunque ellos no canten. Un naturalista británico lo observó hace más de ciento cincuenta años. También responden a los silbidos. Lo descubrí porque me gusta silbar a los pájaros y lo probé con los lagartos. Cuando te pones a silbar, un lagarto levanta la cabeza y a lo mejor efectúa con ella pequeños movimientos adicionales. El agujero de la oreja se ve algo mayor y tiene un color ligeramente más oscuro cuando silbas porque, a mi juicio, se orienta a fin de exponer el oído más directamente al sonido.

Un día vi un lagarto verde hembra encaramado cabeza abajo en el tronco de un árbol grande, aproximadamente a mi altura, y decidí silbarle según el estilo que había desarrollado con los pájaros. Este estilo consiste en entonar una melodía a partir de algunas frases que estoy imaginando en inglés. Por ejemplo, puedo silbar una melodía correspondiente a la frase: «Eres una hembra preciosa; ¿qué estás haciendo ahí quieta en este árbol de mango con este macho viejo y feo?». Las inflexiones de la voz se traducen en cambios similares en el tono de los silbidos. De esta manera atraje al instante la atención de la hembra, que se movió ligerísimamente en mi dirección al tiempo que erguía la cabeza. Seguí cantándole. De pronto, dio media vuelta y corrió hacia la parte de atrás del árbol y desapareció de mi vista. Alcé los ojos y vi un macho enorme, a unos seis metros en lo alto del árbol, surgiendo del follaje. Se estiró cuan largo era y se mostró verde amarillento, un color más agresivo que el del lagarto verde. Su actitud parecía ser esta: «¿Pero qué narices estás haciendo aquí? ¿Cortejando a *mi* hembra?».

Dos penes

Fuera de la herpetología, es un hecho poco conocido que los lagartos y las serpientes tienen dos penes, uno en el lado derecho y otro en el izquierdo. Se usa con preferencia uno u otro en función de si el macho envuelve a la hembra por el costado derecho o por el izquierdo. (Si eres un mamífero y tienes un pene, mira debajo por si se ve una línea ascendente que muestra dónde se fusionaron los dos hemipenes durante las primeras etapas del desarrollo.) Al principio de la evolución, todos los órganos genitales solían presentar simetría bilateral. Los testículos y los ovarios conservaron esta simetría, pero también se produjeron reducciones a uno, como en el caso del pene y el escroto.

Sea como fuere, es fácil revelar este rasgo en el macho *Anolis*. Lo sostienes cabeza abajo y manipulas el pene en cada lado para hacer que salga y adquiera forma. Al final, ambos parecen dos plátanos pelados hacia fuera.

Yo solía divertirme enseñando esta característica a hombres jamaicanos, sabiendo que tener dos penes provocaría tanto hilaridad como admiración. «Uno para el hogar, otro para el camino» era una entusiasta respuesta habitual. Por desgracia no es tan fácil, pensaba yo para mis adentros. Lo que aquellos hombres tenían en mente era separar los parásitos adquiridos por ahí de la santidad (y el conocimiento) del hogar, pero para un parásito adquirido por el pene derecho es cuestión de milímetros la colonización del izquierdo, por lo que no veía yo mucha seguridad en este arreglo. Quizá sea más acertado pensar que los lagartos tienen dos penes para poder descansar entre encuentros sexuales sucesivos. De hecho, según diversas investigaciones, si a un macho se le deja descansar tres días el pene derecho, este es tan bueno como si fuera nuevo. Sin embargo, si se usa una segunda vez el mismo día, produce menos espermatozoides que el otro pene (y testículo). Hace poco, en mi finca de Jamaica vi a un macho enorme copular por un lado a las dos de la tarde y por el otro a las cuatro.

¿Elección femenina o coacción masculina?

Las alternativas para los lagartos *Anolis* se explicaron a las mil maravillas hace muchos años más o menos así: o bien «la hembra es perseguida, atrapada y violada de la forma más cruel», o bien «incluso cuando huye del macho, ella señala su interés y su disposición a copular». ¿Cuál es la aplicable a los lagartos verdes? Pues de hecho las dos, pero sobre todo la elección femenina. Los machos intentan dar caza a las hembras y «violarlas de la forma más cruel», pero casi nunca las alcanzan. He visto a un macho grande lanzarse de repente dos metros hacia abajo por el tronco de un árbol solo para encontrarse con que la hembra trepa algo más de dos metros por el lado opuesto. Es más pequeña y ágil –tengamos en cuenta que están en un árbol, no en el suelo–, y el menor tamaño y la mayor agilidad ofrece recompensas diferenciales. Al mismo tiempo, he visto a la misma hembra estar en un sitio y colocarse, con el trasero algo levantado, todo el cuerpo elevado respecto al substrato, antes de invitar a un macho algo más pequeño, más acicalado y de aspecto más descansado a que se acerque y copule. Es fácil suponer que una hembra preferirá el macho más grande, pues el volumen indica capacidad sana para crecer; no obstante, el macho más grande también suele ser más viejo. Esto acaso explique en parte la aversión de las hembras hacia los machos enormes. Los de mayor tamaño son viejos... y seguramente también feos.

Una vez vi a un macho que había conseguido pillar a una hembra por la parte grasa de la cola, junto al cuerpo. Enseguida advertí que al lagarto se le planteaba un verdadero dilema intelectual. Él también parecía saberlo. Actuaba como si supiera que un mordisco tan fuerte podía romper la cola, con lo que se quedaría con este trozo meneándose mientras ella se escapaba. Así pues, la retuvo suavemente y fue encorvando la espalda alguna que otra vez, como si tratara de lograr la postura deseada sin dejar de sujetar la cola, pero resultaba físicamente imposible. Se veía atrapado en una disyuntiva sin remedio; fue divertido observar su pequeño cerebro de lagarto macho esforzándose por hallar una solución mediante encorvamientos ocasionales. Al final, soltó a su presa y se movió con rapidez para montarla, pero ella estuvo enseguida un metro por encima y se alejó con rapidez. Como son más pequeñas, las hembras corren más en los árboles, de modo que fue un caso perdido desde el principio.

En cierta ocasión, un vecino atrajo mi atención hacia otra interesante interacción sexual. Un macho grande copulaba de forma habitual con dos hembras de su árbol, y con otras dos en un cocotero que había a unos tres metros, mientras un macho de mayor tamaño parecía mirar con nostalgia desde un mango a unos seis metros, incapaz de intervenir. En cualquier caso, una hembra de su árbol era delgada y seguramente joven y exhibía la conducta excepcional de levantar una pata mientras copulaba, algo parecido a lo que hacen las mujeres jamaicanas al bailar (y, por lo que yo sé, al copular). Era divertido imaginar que este lagarto hembra joven estaba procurando a su macho la experiencia humana «rub-a-dub», el baile jamaicano en que el hombre y la mujer se restriegan mutuamente.

Caer a un pozo

Una primavera, regresé para estudiar el lagarto color café, pero esta vez con mis colaboradores de Southfield. Un día pasamos junto a un depósito de agua abierto, recién construido, carente de reborde. Es decir, se había hecho en el suelo un hoyo de hormigón de más de cuatro metros de profundidad para almacenar agua de lluvia, pero dentro no había agua y no se había añadido bordillo alguno alrededor del agujero, como era habitual, para elevar el perímetro del depósito. Pasar por el lado no suponía ningún problema. Pero poco después de haber pasado, uno de mis hombres señaló un enorme lagarto macho color café que salió corriendo al punto hacia una vegetación más alta. Esto significaba que era una recaptura, un macho cazado en una visita anterior a la isla, no en esta, por lo que si volvíamos a capturarlo contaríamos con datos de supervivencia y crecimiento. En resumidas cuentas, era valioso. Mis tres colaboradores, con el mejor al frente, se prepararon al instante para trepar al árbol en el que el lagarto estaba desapareciendo a toda prisa. Mi cometido consistía en no perder de vista al animal para así poder ayudar a los chicos. Cogí los binoculares, pero estaba demasiado cerca; era imposible enfocar bien. En esta situación, el movimiento adecuado es andar hacia atrás manteniendo el lagarto en el campo visual; de este modo, al final puedes enfocarlo pues no lo has perdido de vista. Como es lógico, no vas a hacer esto si detrás de ti, a medio metro, hay un hoyo abierto, algo que por desgracia había olvidado. Empecé a retroceder cuando mi futuro cuñado (que a la sazón tenía catorce años) gritó de pronto «¡cuidado, rasta!», y entonces mi cerebro se dio cuenta. Miré hacia abajo y vi que estaba acercándome al borde, a una caída de cuatro metros sobre puro hormigón.

Desde entonces he practicado mil veces el movimiento adecuado en esta situación: lanzar la pierna para arriba, desplazar el centro de gravedad hacia delante, agarrar el borde del depósito y deslizarte. Pero ese día hice lo único que podía hacer para salvarme. Separé la pierna y me fui para abajo. Si el chico no me hubiera avisado, habría caído de espaldas y me habría matado o como mínimo me habría quedado paralítico de por vida. Mientras caía en picado planeé descargar parte del impacto en las piernas pero también desplomarme para que el golpe no fuera excesivo. Al final, la mayor parte de la colisión la soportaron la pierna derecha y el brazo izquierdo. Tras llegar al suelo, me palpé los huesos para ver si tenía alguno roto, y al comprobar que estaba todo intacto me puse en pie (sin darme cuenta de que me había dislocado el hombro derecho). A continuación vi una de las imágenes más maravillosas de mi vida. Aparecieron simultáneamente tres pares de ojos en el borde del depósito. Sabía cómo se sentían. Temían verme hecho pedazos cuatro metros más abajo, su patrón y amigo estaría muerto o casi, y nadie quería ser el primero en ver la terrible estampa. Como supe luego, mi mejor cazador de lagartos llegó a sufrir una caída solidaria desde la tercera rama del árbol hasta la segunda cuando se enteró de mi percance.

Como auténtico investigador posdoctoral, les pregunté si habían cogido el lagarto. No, no lo habían cogido. Como evidentemente yo estaría en el depósito todavía un buen rato, les sugerí que hicieran su trabajo. Atraparon el animal como era de esperar, me lo lanzaron, lo evalué y se lo devolví, y acto seguido se pusieron en marcha para sacarme del hoyo. Encontraron un trozo largo de madera, bajaron dos para ayudarme a subir y otro se quedó arriba a fin de dar el estirón final. Como yo tenía solo un brazo en condiciones, tuvieron que sacarme del pozo a rastras. Más adelante, el bueno y calvo doctor Campbell, de Malvern, utilizó el clásico truco de distraer mi atención diciéndome que mirase a cualquier otra parte mientras de pronto me encajaba de nuevo el brazo izquierdo en su sitio. Estuve nueve meses con dolor y durante más de un año tuve que dormir del lado derecho, pero estaba vivo e ileso, y esa noche todos celebraron mi suerte entreteniéndose unos a otros con historias de «caídas a un pozo».

Por cierto, el problema de caer desde alturas peligrosas no me ha abandonado. La otra noche, a la una de la madrugada, apagué las luces de la segunda planta de mi apartamento y me dirigí al dormitorio a oscuras. Giré a la derecha hacia mi habitación y medio metro después doblé de nuevo a la derecha y me metí en un pasillo que desemboca en una caída vertical de tres metros en forma de escalera de catorce peldaños. Durante un momento realmente aterrador me encontré volando casi del revés, cabeza abajo, hacia lo que parecía una superficie implacable. En un abrir y cerrar de ojos pasé de estar buscando la seguridad y el reposo a caer por el aire, orientado hacia abajo por el lado equivocado. Me quedé gimoteando en el suelo, flexionando con cautela la pierna izquierda para asegurarme de que estaba indemne. Mi novia salió corriendo del dormitorio y me encontró con una gran brecha de sangre en la cabeza. Llamamos al 911, pero no resultó ser nada grave, sino solo un corte, y aparte de eso no se apreciaba ninguna disfunción mental ni ninguna otra lesión corporal importante. Me metí en la cama y estuve toda la noche sin conocimiento.

Mi lagarto interior

Considero inevitable que, tras estudiar durante años una especie concreta o un tipo determinado de organismo, sientas una identificación y una cercanía profundas con él y algo más que una relación personal. Es bien sabido que los botánicos son más amables que los zoólogos, que los invertebrados son más majos que los vertebrados, y que los primatólogos se cuentan entre los más desagradables.

De vez en cuando notas una afinidad con un individuo concreto. En una ocasión me sentí especialmente unido a un lagarto azul (*Anolis grahami*) que había adiestrado para que compartiera conmigo una copa vespertina. Es algo fácil de conseguir. A los lagartos azules les gustan las bebidas dulces, y si simplemente le pones una cada día a la misma hora, pronto la buscará. En cuanto ha probado el vino de jengibre de Stone, está pillado: lo quiere cada día. Ahora bebéis juntos todas las tardes. Él adquiere un color azul-púrpura-amarillo brillante, que en general parece una señal de excitación y felicidad. Cuando bebes, adquieres el color que sea. La clave es estar sincronizado con el lagarto. Si apareces a las cuatro de la tarde, él estará esperando: dos vasos, por favor.

Resultó que ese lagarto fue mi compañero de copas en una época en que andaba muy necesitado de compañía. Una mujer a la que había querido muchos años más que a ninguna otra –y uno de los seres más afectuosos que he conocido jamás– estaba emitiendo señales inequívocas de que nuestra relación había terminado. Lleno de dolor, recurrí a la poesía y, creedme, como científico incorregible que soy, cuando escribo poesía es que estoy sufriendo de verdad. Pero menos mal que tenía a mi amigo el lagarto. He aquí el poema que escribí sobre nosotros dos:

«Solo somos amigos, tío»

Solo somos amigos, tío
Un lagarto azul y yo

Nos vemos por la tarde

Tú en tu percha
Yo en mi silla
Solo somos amigos, tío
Amigos vespertinos

A ti te gustan las hormigas
A mí las sardinas

A ti te gustan las vaginas de las lagartas
A mí las humanas

Solo somos amigos, tío
Amigos de distinta especie

Tú obtienes placer de mí
Y yo de ti

Vete a saber

Solo somos amigos, tío
Tú y yo

Solo somos amigos

5

Juzgado por agresión con resultado de lesiones corporales

Jamaica, una sociedad con fama de violenta, lleva años teniendo uno de los índices de criminalidad más altos del mundo. En otro tiempo, las armas preferidas eran los cuchillos, los machetes, las botellas y los garrotes, al menos en el medio rural. Cuando llevaba unos dieciocho meses dedicado a mi trabajo con los lagartos verdes, me vi involucrado en algo de mucha menos importancia, una pelea a puñetazos, si bien fui debidamente detenido y juzgado por agresión con daños. En realidad, estaba defendiéndome de mi acusador, un conocido bravucón de complexión robusta que había iniciado la pelea.

En todo caso, lidiar con los vecinos formaba parte de mi trabajo de investigación en Jamaica. Por entonces apenas había hoteles con todo incluido, y si hubiera habido alguno, no me habría alojado en él. Solo en Kingston, Ocho Rios o Port Antonio pasaría yo en un hotel una o dos noches. Exploré la isla entera en coche utilizando los lagartos como pretexto y en busca de respaldo económico, pero casi siempre estaba en Southfield, en casa de la señorita Nini, viviendo en la comunidad y llevando a cabo mi trabajo con los lagartos en las inmediaciones.

La pelea

Un día, mientras estaba en la Jamaica rural, recibí una carta de la mujer a la que había querido ininterrumpidamente desde el día que la conocí, siendo estudiante de Harvard con veinte años. En su carta dejaba claro que la relación había terminado –terminado–, ¡terminado! TERMINADO. Tardé un rato en captar toda la contundencia de su planteamiento: ella quería asegurarse de que alguien con tanta propensión al autoengaño como yo comprendiera que la historia había acabado; y lo consiguió. Así pues, me desplacé temprano a una zona remota en los alrededores de Barbary Hall donde podías fumar tu ganja más o menos seguro de que ello no te supondría pasar dieciocho meses en la cárcel en régimen de trabajos forzados. Regresé tarde a casa de la señorita Nini para cenar, con un humor de perros y bastante colocado.

Mientras comía, Jasper Bent, el novio de la señorita Nini, saltó del sofá y empezó a gritarle con un tono fuerte y grosero. A ver, no me gusta que se abuse de las mujeres en general, pero aún menos en mi presencia, pues ello supondría aquiescencia por mi parte. La señorita Nini era una mujer de cincuenta y tantos años a la que yo apreciaba y respetaba. Cuando se produce un abuso verbal me resulta fácil de manejar, pues me encuentro entre los más capaces de producir sonidos fuertes y ofensivos. Así que chillé: «¡Cierra tu puta boca de ron mientras estoy comiendo!», como si mi hora de cenar fuera un momento sagrado y todo el mundo debiera callarse. Él contestó: «¿Con quién te crees que estás hablando?». Y yo solté: «¡Contigo!».

Entonces él cruzó la puerta que separaba el pequeño comedor del salón. Me agarró y me arrancó la parte delantera de la camisa, y con sus cien kilos de campesino fornido me lanzó contra la pared de atrás. Yo me recuperé y le golpeé cuatro o cinco veces, le lancé directos rápidos de izquierda, el puñetazo clave para mantener una bestia a raya. Puedes acabar con tu agresor después, si tienes suerte, con un cruzado de derecha, pero de momento se trata de lanzar un golpe tras otro a la cara. El caso es que surtió efecto; tuvo que retroceder y enseguida intervinieron otros para separarnos. Yo estaba tan *rahtid* –«muy furioso», en jamaicano– que cuando bajé la vista y vi sangre en mi mano izquierda, dije: «¡Este hijo de puta me ha cortado!». Aunque también podía ser que al golpearle me hubiera cortado yo mismo. Sin embargo, ni siquiera era así: la sangre era de Jasper, a quien ahora le sangraba todo el lado derecho de la cara. Pero yo estaba tan colérico que llegué a echarle la culpa de la sangre que me había salpicado mientras le atizaba.

Llegados a este punto, no me cabía ninguna duda de que la pelea había terminado. Él habría visto que yo sabía boxear y que conmigo no tenía nada que hacer. Yo había aprendido a boxear a una edad temprana, para hacer frente a las intimidaciones de otros chicos mayores, más grandes y más fuertes. A los quince años me habían pegado una paliza frente a una multitud de compañeros de clase, chicos y chicas, porque me había dirigido a la novia del matón. No fue una experiencia que deseara repetir, así que fui a la biblioteca y consulté un libro de Joe Louis titulado *How to Box*. Siguiendo las instrucciones de Joe, empecé haciendo flexiones y boxeo contra un adversario imaginario y luego me incorporé al equipo de boxeo de Andover, en el que peleé durante dos años. Gané un premio de excelencia y fui un boxeador bastante bueno, en parte porque tenía que dejar mis ojos, es decir mis gafas, junto al cuadrilátero. En un deporte en el que quieres detectar enseguida movimientos hostiles en tu dirección, ser corto de vista parecía una clara desventaja, por lo que aprendí a cabecear, escabullirme y cubrirme. Pero sobre todo aprendí a usar mi golpe rápido de izquierda para, de entrada, mantener al contrario a una distancia prudencial. Exactamente lo que había hecho falta con Jasper.

No obstante, el combate de boxeo solo había sido el principio de la pelea. Mientras me examinaba la mano, de pronto oí gritos de «Deja el cuchillo, Jasper». Yo no había visto el cuchillo, pero grité: «¡Así que vas a atacarme con el cuchillo que me robaste el otro día!». «Se lo compré a un tipo», replicó, como efectivamente había sido. Aun así era curioso que me hubiera comprado mi única arma de defensa personal una semana antes del enfrentamiento. Y curioso también que yo hubiera sido tan estúpido como para entregársela. En cualquier caso, sin tenerlas todas consigo, cada uno se rindió al grupo de seis personas que nos separaba. Digo «sin tenerlas todas consigo» porque uno u otro habríamos podido volvernos, correr hacia atrás y atacar al rival por la espalda. Pero ni él ni yo lo hicimos.

Luego oí un «No lo hagas, Jasper, no lo hagas» y, acto seguido, los sonidos de mi máquina de escribir siendo machacada. Si no recuerdo mal, justo después Jasper se fue con el coche. La señorita Nini me dijo que, a su entender, no era seguro para mí quedarme con ella, así que fui a la casa de Ma Septy, donde pasé la noche con el cuchillo bajo la almohada. Cuando poco después del amanecer volví a mi antiguo domicilio, me enteré de que Jasper había regresado a las cuatro de la mañana con una porra de policía y me había buscado por todos los rincones. La señorita Nini me aconsejó, por mi propia seguridad, que informara de los hechos en la comisaría de policía más próxima de Bull Savanahh. Así lo hice, pero me sorprendió descubrir que nadie mostraba el menor interés en mi relato. Nadie tomaba notas ni prestaba ninguna atención. Más adelante me enteré de que Jasper había aparecido antes y que la policía estaba preparando mi detención.

Tras volver a Southfield, pensé que el asunto se me estaba yendo de las manos y que me convenía buscar a mi buen amigo Ivie, que cada día repartía bloques de hielo con su camioneta y, lo más importante, tenía licencia de armas. Conduje hasta su domicilio de Pedro Plains y, cuando entré en su patio, su esposa se acercó corriendo, gritando que ya no era bienvenido en su casa y que tenía que irme. Así lo hice, desde luego, y me quedé fuera esperando. Al rato llegó Ivie, que me preguntó cuál era el problema. Se lo expliqué, y él fue a buscar su arma de fuego y regresó conmigo a casa de la señorita Nini. Durante el trayecto,

Ivie explicó que su mujer, normalmente muy afectuosa y cordial, acababa de enterarse de algo que no le había hecho ninguna gracia y en lo que yo también tenía que ver. Un par de veces a la semana, recogía a Ivie por la tarde, en principio para ir a tomar una copa al Treasure Beach Hotel, seguramente uno de los lugares más aburridos del distrito, donde solo había gente mayor («blancos») y ninguna mujer joven a la vista. Pero en realidad no nos parábamos en el hotel. Lo dejábamos atrás y nos metíamos en una carretera secundaria, de tierra, que al final desembocaba en la carretera principal, que habríamos podido tomar casi de inmediato si desde su casa hubiésemos ido en la dirección contraria. Una vez allí, nos dirigíamos a Barbara Hall, donde vivía su novia (que también conseguía una amiga para mí). Después, regresábamos a su casa por la misma ruta.

En cualquier caso, Ivie y yo estábamos volviendo a Southfield cuando una mangosta se disponía a cruzar la carretera y, al vernos, dio media vuelta. Es algo raro. Las mangostas son pequeñas y muy rápidas, y casi nunca se vuelven atrás. Algo así se considera una señal de mala suerte. La única lógica que puedo verle es que a veces, por desgracia, quizá vamos demasiado rápidos por la vida, y cuando esto sucede en la carretera, es muy probable que asustemos a la mangosta y le hagamos cambiar de opinión y darse la vuelta. Con independencia de la lógica, la mangosta te pone alerta: lo peor está por venir.

Cuando estuvimos de nuevo en su patio, la señorita Nini parecía fuera de sí: el pelo en punta en todas direcciones y el rostro de piel oscura lleno de brillo. Nos contó que la policía había ido a su casa en la misma furgoneta de Jasper con intención de detenerme y acababa de irse. (La comandancia no contaba con ningún otro vehículo.) Explicó también que Jasper había «indicado» a la policía que yo guardaba un saco de arpillera de unos cuarenta kilos lleno de ganja en el porche delantero de la casa, una mentira que a ella le había indignado especialmente. En realidad, a lo largo del día la señorita Nini había podado las hermosas enredaderas y flores que tapaban su porche para asegurarse de que, desde la carretera, todo el mundo pudiera ver que allí no había ganja almacenada. La policía había dicho que debía presentarme en comisaría a fin de proceder a mi arresto por la agresión.

Acto seguido, Ivie y yo partimos hacia la comisaría, con mi abollada máquina de escribir como prueba para evitar represalias. Fui detenido y obligado a sentarme en una habitación con Jasper delante. Él no parecía contento; tenía toda la parte derecha de la cara oscurecida y el ojo completamente hinchado y cerrado. Se le vio aún menos contento cuando la policía reapareció y lo detuvo por «destrucción maliciosa de la propiedad». De hecho, dio un respingo, irritado, pero el caso es que nos llevaron a los dos tras el mostrador y nos hicieron sentar hasta que regresara el detective. Dijeron que debíamos esperar ahí porque en las celdas no había sitio, pero me sonó a trola. En mi opinión, creían que pertenecíamos a una clase demasiado alta para ser tratados como delincuentes comunes y encerrados en sus asquerosas celdas.

Durante nuestra detención, mientras esperábamos el regreso del detective, numerosos vecinos entraban y salían para observarnos desde el otro lado del mostrador. En aquella época, en la isla estaba de moda una canción interpretada por Toots and the Maytals titulada *One-eye Enos*. Hablaba de un hombre que había perdido un ojo en una pelea, y alguien le preguntaba al agresor: «¿Qué vas a hacer ahora que le has sacado el ojo a Enos, porque Enos ha perdido ese ojo?». Enseguida varios hombres empezaron a gritarle a Jasper: «¿Qué pasa, Enos? ¿Cómo has perdido ese ojo?». Y Jasper decía: «El hombre blanco me dio con una botella». «Nooo, tío, ¡ningún hombre blanco puede dar una paliza así a un negro! En serio, ¿cómo has perdido el ojo, Enos?». Como es lógico, Jasper no contestaba. Aun así, los otros seguían cantando, una y otra vez, el estribillo que al final sonaría en todo Southfield: «¿Qué pasa, Enos?».

Resulta que Ivie era amigo de muchos de los agentes, a quienes explicó que aquello no era tal como se contaba. Se trataba de un caso de defensa propia a puñetazos, no de un ataque con una botella de ron de cuarto. Además, yo era un científico, no un turista, y estaba mucho más integrado en la vida jamaicana de lo que pudieran imaginar. Creo que Ivie fue una de las principales razones por las que se acusó a Jasper de destrucción maliciosa.

Al cabo de cuatro horas, volvió el teniente, que me preguntó con qué derecho venía yo a un país extranjero a agredir a uno de sus ciudadanos con una botella de ron de cuarto de galón. Me incliné ligeramente hacia delante y dije que *yo* había sido agredido por aquel hombre y me había defendido usando los puños. Para ilustrar mis palabras, lancé dos golpes rápidos. Preguntó quién pagaría mi fianza, y la señorita Nini dio un paso al frente junto con Marse Septy, que poseía inmensas extensiones de tierra aunque no necesariamente mucho dinero en el bolsillo. El martes siguiente comparecí ante el tribunal, y me ordenaron volver al cabo de seis semanas, a principios de junio, el día que se celebraría el juicio.

El juicio

Volví a Jamaica dos días antes de ser juzgado. Pasé una noche en Kingston y después fui a Southfield, donde me enteré de que la noche anterior, en el bar de Connie, Jasper había estado alardeando de haber deportado al «criminal de la ganja», algo que, en efecto, habría conseguido si yo no hubiera aparecido para hacer frente a las acusaciones. Si no me presentaba en el juicio, me arriesgaba a ser detenido inmediatamente a mi regreso a la isla: caso cerrado.

El día del juicio amaneció claro y luminoso, y a las seis y media de la mañana la señorita Nini, Little Man y yo partimos hacia los juzgados de Malvern. Little Man era un vecino que trabajaba de día como jornalero y de noche como vigilante en el Departamento de Obras Públicas, junto a la casa de la señora Staple. Al llegar a Malvern nos encontramos con una multitud congregada en los terrenos aledaños. De vez en cuando llegaba el coche de un abogado, por lo general un modelo nuevo y elegante, la ventanilla bajaba unos centímetros y se formaba una fila de personas para hablar a través de la pequeña abertura y a veces entregar dinero.

La señorita Nini y Little Man estaban impacientes por ver quiénes serían los falsos testigos de Jasper. Como le conocían desde hacía tiempo, daban por sentado que reforzaría las mentiras que pensara decir pagando por la declaración falsa de uno o más testigos. En esta ocasión, al parecer había convencido a los hermanos Palmer para ese cometido. Arthur Palmer, un hombre bajito de cincuenta y tantos años, lucía un traje que no era de su talla. Su hermano se le parecía, y no daba la impresión de estar muy cómodo con lo que había ido a hacer allí. Cuando llegó el abogado de Jasper, los cuatro formaron un corrillo para mantener una breve charla. Más tarde supimos que iban a declarar que, mientras andaban por la carretera a las seis de la mañana, vieron a la señorita Nini dándome instrucciones sobre cómo dejar mi máquina de escribir hecha polvo a fin de presentarla como prueba falsa contra Jasper.

Little Man los observaba con una amplia sonrisa en la cara y empezó a ir de un lado a otro dando saltitos: «Puedo manejarlos, Bob, puedo manejarlos». Le pregunté qué quería decir, pero se limitó a contestarme: «No te preocupes por nada, ¡puedo manejarlos!». Pensé que sería solo palabrería ganja positiva, o algún alarde jamaicano, y no le hice caso. Indicamos quiénes eran los testigos falsos al señor Swaby, mi abogado, un tipo de Mandeville bajito, de piel clara, de unos cuarenta años. No conducía un coche elegante; de hecho, me defendía a cambio de solo sesenta dólares.

Los juicios se celebraban en la segunda planta, en una sala grande llena de hileras de espectadores, muchos de los cuales estaban allí para disfrutar de lo que por entonces pasaba por ser «teatro rural». En aquella época no había electricidad, ni televisión, ni demasiados entretenimientos de ninguna clase. Cuando le llegó el turno a mi caso, mi abogado y yo nos colocamos frente a un juez vestido con toga, un jamaicano de piel oscura y con perilla que rondaría los cuarenta. Tenía una mirada severa y, como se puso enseguida de manifiesto, era también muy inteligente.

Mientras estaba yo frente al juez, el abogado de Jasper se levantó y le pidió que compensara un caso con el otro: cada uno retiraría su acusación, y (en interés de la justicia) se desestimarían ambas demandas. El juez preguntó si nos parecía bien. No, protesté yo, pues haber volado a Jamaica para afrontar esas acusaciones me había supuesto unos gastos considerables y... el juez me interrumpió y no me dejó seguir. «Sus gastos no vienen al caso; no quiero oír ninguna otra referencia a los mismos.» Entendí su razonamiento, desde luego, pero me daba la impresión de que compensar los casos supondría una resolución del problema muy insatisfactoria. Insistí en mi derecho a tener un juicio. De hecho, a dos juicios, el mío y el suyo.

Así pues, tal como se solicitó, fui acusado de agresión al señor Bent con una botella de ron de cuarto que le provocó cortes faciales. La señora Staple (que más adelante sería mi suegra) resultó ser el testigo clave. El incidente se había producido en su casa, y nuestro estatus allí era decisivo en el juicio. El señor Bent era «una visita» (es decir, había quedado con la señorita Nini) mientras yo era un «huésped» (es decir, estaba hospedado en la casa); por tanto, yo tenía una jerarquía superior a la de Jasper. A ojos de la ley, él había obrado mal. Pensé que era un criterio muy sensato. Si peleo contigo en tu patio, meto la pata; si tú peleas en el mío, quien mete la pata eres tú. Como es lógico, yo podría de repente lanzarme injustamente sobre ti en tu propiedad, arrastrarte hasta la carretera y lastimarte, y he sabido de casos resueltos a favor del visitante (más adelante veremos un caso en el que estuvo implicado el propio Jasper). Sin embargo, el dato del patio era algo concluyente. Se daba por sentado que, si hacía falta, cada uno fabricaría una mentira, por lo que la prioridad de la residencia se impuso como un hecho fácilmente verificable y de gran trascendencia. De hecho, tenemos cierta tendencia al hogar, como las gaviotas argénteas que, en sus encontronazos territoriales, se ponen más nerviosas cuanto más arrastradas se ven a los dominios de su adversario. En el mundo social de las gaviotas argénteas, un gesto particularmente agresivo consiste en agarrar a tu contrincante y llevarlo a tu territorio.

En cualquier caso, Jasper, en su declaración, había intentado desdibujar esta distinción, dando a entender que él y la señorita Nini eran en realidad «pareja de hecho», amantes no casados que vivían juntos. Sin embargo, a Jasper se le planteaban un par de inconvenientes: tanto él como la señora Staple estaban ya casados legalmente, aunque no entre sí. De hecho, él estaba viviendo con su esposa. Con independencia del tiempo que pasara en el patio de la señorita Nini, jamás superaría el estatus de «visita».

Yo había planeado explicar al tribunal exactamente lo que había pasado, hasta donde me alcanzara la memoria, pero mi abogado me convenció enseguida de que hiciera un pequeño cambio. Aunque en realidad había dicho «cierra tu puta boca de ron mientras estoy comiendo», el señor Swaby consideraba que «cierra tu boca de ron» era lo bastante fiel a mis verdaderas palabras. Podría darse por sentado que «puta» es una palabra que incita a la pelea, que presuntamente provoca una respuesta casi automática, pues es más o menos tan fuerte como deshonrar a la madre de uno. Si incluía esta palabra en el relato, me presentaría como causante de la agresión. Por lo demás, describí el enfrentamiento tal como lo recordaba, pues (a mi entender) todos los hechos jugaban a mi favor. En cualquier caso, cuando hube terminado de explicar el ataque de Jasper y mi manera de defenderme, el fiscal me preguntó desde cuándo conocía a la señora Staple y al señor Bent. «Desde hace seis meses», contesté. «¿Desde cuándo se conocen ellos?» «Por lo que sé, desde hace doce años.» «¿Íntimamente?», preguntó. «Me imagino que sí», respondí, con lo que suscité algunas risas entre el público. «Bien, ¿cómo es que, conociendo a estas personas desde hace solo seis meses, se interpuso en su

SEÑORITA NINI. La mujer en cuya casa me hospedé y que más adelante fue mi suegra. Un ser absolutamente extraordinario. Entre los miembros de su comunidad, en la que me incluyo, era la persona más brillante, honesta y profunda; alguien sin parangón. (Foto cortesía de Nola Perez.)

discusión cuando ellos se conocen íntimamente desde hace doce años?» Señalé a Jasper y dije: «Si viera a este hombre estrangular a esta mujer, no le preguntaría desde cuándo la conoce, sino que intentaría impedirlo».

Esta respuesta originó una risa elogiosa entre el público y otra sonrisa, esta renuente, en el juez. En todo caso, mi declaración concordó totalmente con el estereotipo: es propio de un estadounidense intervenir sin que nadie se lo haya pedido en una discusión doméstica de otro hombre; y, de hacerlo, usará los puños, no una botella de ron de cuarto de galón. Por su parte, Jasper y el fiscal contaron un cuento totalmente jamaicano sobre celos sexuales e intrigas, en el que se usaban no las armas de la gallardía sino las de las heridas y la muerte. Aparte del hecho de la residencia, su verdadera dificultad era que, en realidad, uno de los actores no era jamaicano.

¿Era cierto, tal como explicó en un primer momento Jasper a la policía y ahora repetía delante del juez, que me había sorprendido empujando a la señorita Nini a su dormitorio mientras le pedía «ganja y sexo» y que él terció en defensa de ella? ¿Y era cierto que yo había reaccionado golpeándole en la cara con una botella de ron provocándole heridas? Yo tenía a mi favor que el supuesto romance entre la señorita Nini y yo era un tanto inverosímil. Ella me llevaba veinticinco años. Yo la consideraba una madre y la protegía como tal, y las personas del vecindario lo sabían –más adelante se convertiría en mi suegra–.

A propósito, Jasper podía muy bien haberse creído su propia mentira sobre mi aventura secreta con la señorita Nini. Las propias hazañas sexuales de Jasper tenían un carácter casi legendario. Según la tradición, una vez fue descubierto con la esposa de un hombre en la propia cama de este, y saltó del lecho para golpearle por haber tenido el descaro de entrar e interrumpirlos. Se sabía de otra mujer que colgaba la ropa en un árbol para indicar a Jasper que su pareja no estaba. Además de los hijos de su mujer, se decía que Jasper había engendrado numerosos niños «aparte». Sobre todo bajo la influencia del alcohol, Jasper era propenso a creer que la señorita Nini le trataba igual que él trataba a su esposa, y que por tanto tenía amantes secretos. Uno de los principales sospechosos había sido siempre Little Man, idea absurda puesto que, si bien ella y Little Man mantenían una relación cálida y cordial, él estaba muy por debajo de la señorita Nini en cuanto a posición social, era bajito y enjuto, y no era precisamente el tipo de hombre que a ella le gustaba. En cualquier caso, la señorita Nini no solía salir con más de un hombre a la vez y carecía por completo de la deshonestidad necesaria para mantener varias aventuras simultáneas funcionando sin trabas.

El hecho de que la mala conducta propia empuje a uno a sospechar conductas similares en los otros, aunque no existan, me parece un rasgo simpático de la vida, una especie de impuesto de la renta inesperado sobre un acto originariamente egoísta. El largo disfrute de mujeres infieles por parte de Jasper le volvió incapaz de reconocer el amor de una que le era fiel. Aún me hace gracia pensar cómo la calidez y familiaridad espontáneas de Nini y Little Man debieron de torturar la inflamada imaginación de Jasper alimentada por el ron.

Al final, el juez casi farfulló las palabras «no culpable», mirando hacia abajo algo nostálgico, sin duda lamentando el tiempo perdido en el juicio de un caso tan intrascendente. Me senté, y en ese momento se levantó Jasper, acusado de destrucción maliciosa de la propiedad: una máquina de escribir y una camiseta. Ahora yo era testigo de la acusación. Tras identificar los objetos, expliqué que primero él me había roto la camisa y luego había destruido la máquina. Después de varias repreguntas, admití que no había visto la destrucción de la máquina de escribir sino que solo había oído gritos de «¡Jasper, deja la máquina de escribir!», seguidos de los sonidos que acaso emitiría una máquina de escribir mientras la están haciendo añicos.

Testigo falso de Jasper

La señora Staple hizo una declaración parecida, con la salvedad de que afirmaba haber *presenciado* realmente el proceso de destrucción de la máquina. La acusación terminó su alegato, y la defensa de Jasper tomó la palabra y llamó al estrado a uno de los testigos falsos, Arthur Palmer. No se movió nadie. Sonó otra vez el nombre de Palmer, y no hubo respuesta. Jasper se volvió y recorrió la multitud con la vista. Su abogado hizo lo propio. Ambos deliberaron acaloradamente y acto seguido el abogado de Jasper, el señor July de Black River, expresó al juez su convencimiento de que el señor Palmer había acudido efectivamente al juzgado a declarar y pidió que se mandara a un alguacil a la galería para gritar el nombre ante la multitud de abajo.

«¡Arthur Palmer!, ¡Arthur Palmer!», bramó la voz del alguacil desde la galería, pero no se movió ni un alma. «¡Arthur Palmer!, ¡Arthur Palmer!» Tanto si estaba como si no, Arthur no tenía intención de comparecer. Tampoco lo hizo el segundo testigo. El caso de Jasper se fue al garete. Se le consideró culpable de destrucción maliciosa de la propiedad y se le obligó a pagarme ochenta dólares americanos. Al salir de los juzgados de Malvern, vimos a Jasper reprender a los hermanos Palmer, que se miraban los zapatos.

Correspondió a Little Man explicar lo sucedido. Había propuesto a los hermanos Palmer ir a tomar una copa y, mientras los invitaba a ron blanco (75 de graduación), les había explicado la situación. No se trataba de un caso sencillo, uno de esos a los que tal vez ellos estuvieran acostumbrados. Aquí era Jasper contra el *hombre blanco*. El juez podía muy bien encarcelarlos por falso testimonio, algo insólito en las causas tradicionales. Los invitó a otro trago de ron blanco. Cuando por fin se les llamó a declarar, nos aseguró Little Man, oyeron sus nombres a la perfección, pero agacharon la cabeza como si no fuera con ellos. Una vieja cabeza de ganja como la de Little Man (sin haber bebido ni una gota) había manipulado dos cabezas de ron con facilidad, combinando el miedo y la embriaguez para conseguir el estado psicológico adecuado.

Mientras cruzábamos Southfield, íbamos tocando una y otra vez el claxon en señal de celebración. Según la señorita Nini, Jasper había estado implicado antes en otros diez procesos judiciales y había mentido así en todos para salir bien parado. De hecho, era un conocido matón que contaba con la ayuda de los dos hermanos, de reputación similar. En uno de los casos, Jasper había agarrado a un hombre dentro de la propiedad de este, lo había arrastrado a la carretera y lo había golpeado con una piedra. Yo había oído al propio Jasper contar el crimen en el salón de la señorita Nini, con el rostro encendido, los brazos extendidos, todo muy gráfico para transmitir el espíritu del momento. Afirmó que estaba andando inocentemente por la carretera cuando ese hombre saltó desde su patio, maldiciéndole y amenazándole con un machete. La pesadilla de cualquiera: ¡un ataque por sorpresa, sin mediar provocación, con un arma letal! En un santiamén, Jasper sujetó el brazo del hombre y evitó el golpe de modo que el machete solo le rozó la parte posterior de la cabeza. A continuación, brincó hacia delante, con los ojos resplandecientes mientras asía el brazo y el machete, y con habilidad lo desvió todo salvo un golpe de refilón. Había inmovilizado al otro en la carretera y le había propinado un par de buenos puñetazos en la cara, lo mejor para curarlo de aquella mala conducta.

Recuerdo que me incliné hacia delante, con los ojos desorbitados, mientras imaginaba que en ese momento era casi un testigo real de un hecho significativo desde el punto de vista antropológico. Un hombre justo elude hábilmente un ataque sorpresa y, como muestra de su gran nobleza, ¡en respuesta al machete solo da puñetazos! No obstante, también alcancé a oír al fondo a la señorita Nini que decía: «¡Nada fue así, Bob, nada fue así!». Y desde luego, como supe más adelante, nada *fue* así. El relato de Jasper era mentira, desde el principio hasta el final, pese a lo cual Jasper no solo fue absuelto de agresión sino también felicitado por el juez, quien le dijo que, de hecho, debería haber golpeado al hombre con una piedra –como en realidad había hecho–.

Jasper agrede a Little Man

Una tarde, a última hora, unos tres meses después del juicio, hallándome yo fuera de la isla, Little Man estaba tomando una copa en la tienda de Connie cuando llegaron al lugar Jasper y cuatro o cinco de sus jornaleros (hombres que trabajaban en sus campos y cobraban por día). De repente, todos atacaron violentamente y derribaron a Little Man. Este se puso en pie y les dijo que quizá era un gallo (un hombre bajito), pero se las iban a ver con dura carne de gallina vieja, y si creían que podían maltratarlo «sin más» (esto es, sin consecuencias), estaban totalmente equivocados.

Se dirigió a la puerta de al lado, a la sección de la tienda, donde se vendían comestibles, y pidió varias cosas. Las pagó, pero con las (aparentes) prisas se las dejó. Una vez en casa, se metió un cuchillo en el bolsillo de atrás y regresó enseguida para recuperar la compra «olvidada». A su llegada a la tienda, decidió tomarse un zumo de manzana y pidió una lata. Mientras se la bebía, se quedó con la espalda pegada al mostrador, apoyado en él con toda tranquilidad. Casi al instante, uno de los hombres de Jasper vio a Little Man a través de una pequeña ventana que comunicaba el bar y la tienda y gritó: «¡Ahí está Little Man!».

Jasper dobló la esquina volando y emprendió el ataque, pero Little Man estaba preparado. Se agachó, cogió el cuchillo y lo clavó en la mole de Jasper, que se abalanzaba sobre él, apuntando directamente al corazón. No obstante, el cuchillo era de cocina, relativamente fino, y al alcanzar una costilla justo por encima de la diana, se partió. La hoja clavada dejó una herida fea, y del pecho de Jasper empezó a brotar sangre, pero aun así el corte era totalmente superficial. El corazón resultó ileso.

Se produjo un gran barullo, como es lógico: gritos, chillidos, sangre manando del pecho de Jasper, todo eso. Connie cerró la tienda, lo mejor para evitar que se produjera una muerte allí. Jasper, furioso, se fue directo a Bull Savannah para conseguir que detuvieran a Little Man, pero este tenía sus propios planes. Volvió a su patio con un amigo. Cogió una botella de ron de cuarto y la rompió contra una piedra. Luego se la dio al amigo, a quien dijo que le rastrillara el vientre un par de veces con los bordes dentados. El otro obedeció, de modo que cuando a última hora de la noche llegó la policía, se encontró a Little Man sangrando por el costado, sufriendo a todas luces y contando una historia diferente acerca de lo ocurrido aquella noche: de entrada, Jasper lo había agredido con la botella rota y luego él, Little Man, en un segundo ataque, se había defendido a la desesperada con un simple cuchillo de cocina.

Los policías llevaron a ambos hombres al hospital de Black River a que les curasen las heridas y luego los detuvieron y acusaron a uno y otro de haber causado heridas. Más adelante, las dos acusaciones se compensaron, es decir, se desestimaron. Las heridas eran equivalentes en ambos casos, y en consecuencia también los cargos, de modo que los hombres acordaron, efectivamente, olvidarse del asunto, y el Estado perdió todo interés en el asunto.

Vale la pena dedicar un momento a considerar –en realidad, admirar– la hazaña de Little Man. Ya había pasado once meses en prisión por haber provocado heridas. Si volvía a delinquir contra un ciudadano influyente, la pena podría ser mucho más dura, quizá diez años en régimen de trabajos forzados. De hecho, su intención era realmente matar a Jasper, como me contó después, pero había cogido un vulgar cuchillo de cocina porque no había otro a mano. Si tenía las agallas de reaparecer pronto (y con aire despreocupado) en la escena de la reciente paliza, estaba seguro de que Jasper volvería a atacarlo. Según el criterio más severo, Little Man cometió intento de homicidio, cuidadosamente premeditado y movido por la sed de venganza. Sin embargo, su única acción manifiesta fue exponerse a un nuevo abuso, y su intento de homicidio no se produjo hasta un rato después de ser atacado. La belleza del engaño salta a la vista. Little Man compró comestibles para olvidar algo, por lo que debió regresar, y así ocultaba la premeditación de haber ido a por un cuchillo. Su postura relajada mientras disfrutaba de un zumo de manzana también tenía la finalidad de enfurecer a Jasper mientras escondía sus verdaderas y violentas intenciones.

Con todo, muy a menudo se considera que no es «justo» que, después del hecho, un hombre bajito se valga de un cuchillo para defenderse de los puños de un hombre grandote. Pero las considerables facultades de Little Man para engañar equilibraron el conflicto.

Digo que «Bob es una mierda»

Mi último encuentro con Jasper tuvo lugar transcurridos unos seis meses desde la pelea. Entré en el bar de Connie, pasé frente a Jasper, doblé una esquina y me quedé de pie junto a su hermano Ton-Ton, que era claramente el más fuerte de los dos. Pedí una copa. Entonces Jasper habló en voz alta, punteando sus palabras con fuertes golpes en la barra: «¡Yo digo que Bob es una mierda!». No dije nada y seguí disfrutando de mi bebida. Otra vez: «¡Yo digo que Bob es una mierda!», y primer estrépito. En ese momento intervinieron verbalmente sus hermanos y otra gente. «No te preocupes por eso, Jasper.» Ton-Ton quiso que nos invitásemos mutuamente a una copa, una especie de sesión de maquillaje en la que en ningún momento accedí a participar. ¿Por qué? ¿Es que ahora Jasper y yo éramos amigos? Me agrede, destruye mis cosas, vuelve a la mañana siguiente con una porra de policía, miente ante el tribunal y trae consigo a testigos falsos pagados. ¿Cómo íbamos a ser amigos? Apuré tranquilamente la copa y me fui.

Al recordar ahora mi relación con Jasper, veo que nuestro enfrentamiento provocó a la vez complejos procesos de engaño, contraengaño y autoengaño más potentes e interesantes que la pelea original. Así, junto al gran valor otorgado a la violencia en Jamaica, tenía también un gran valor la deshonestidad. Se trata –como sostienen algunos– de una característica general de los trópicos. Se dan interacciones sociales con más frecuencia, y, por tanto, existen más oportunidades para la mentira y el autoengaño. En cualquier caso, comprender la importancia táctica del engaño de primera mano contribuyó a relajar mi aversión moral y moralista. Me permitió estudiar la cuestión con más libertad, lo cual fue de gran ayuda cuando más adelante escribí un libro sobre el tema.

6

La muerte de Flo

Había tenido la suerte, incluso antes de ir a Harvard, de hacerme amigo de Irven DeVore, el famoso hombre de los babuinos. Él estaba contratado por la misma empresa educacional que me proporcionó mi primer empleo, la National Science Foundation. Esta compraba fotos de babuinos en Kenia bajo la orientación de DeVore, por lo que pasé muchas tardes viendo tomas sin editar que él había comentado para ayudar al montaje de la película. Ante esas imágenes, lo que enseguida resultaba evidente acerca de los babuinos era su condición de criaturas sociables e inteligentes que solían representar dinámicas sociales ciertamente complejas. Los comentarios y narraciones de DeVore contribuían a subrayar ese hecho.

DeVore, por cierto, era uno de los mejores profesores que he conocido jamás. Veamos uno de sus grandes inventos patentados, que usaba tanto en sus clases como en las conversaciones informales. Si yo estuviera hablando con él y dijera «para hacer corta una historia larga», él levantaría la mano y diría «no, Bob, si dices esa frase, la historia ya se ha alargado demasiado; has de decir 'para hacer *más corta* una historia larga'». Lo cual provocaba siempre risas en el aula y entre los amigos, y nos situaba a todos al mismo nivel.

Aunque no siempre daba buenas clases, claro etsá, y por entonces los estudiantes de Harvard eran extraordinariamente implacables. Cuando no abucheaban sin más, silbaban. Tras una clase espantosa, con silbidos y gruñidos incluidos y, de hecho, ningún progreso visible, los profesores ayudantes salíamos al pasillo y hacíamos corrillo en torno a Irv en busca de protección mutua, y entonces Irv, afable pero claro, decía: «Otro caso de echar perlas a los cerdos». Todos reíamos entre dientes, y yo me quedaba pensando: ¿no hay nada que perturbe a este hombre, algo que le supere?

Mientras fui alumno ayudante suyo, Irv me permitía utilizar su despacho a última hora de la tarde. Mientras se ocupaba de su papeleo, a menudo me explicaba cosas del funcionamiento interno de Harvard. «Mira, echa un vistazo a esto», decía, y me pasaba una nota confidencial que era elocuente, graciosa, o ambas cosas. Yo le enseñaba teoría social basada en la selección natural, lo que para él supuso una revelación, pues se había formado en la falacia de la selección grupal de la antropología social. Tardó unos seis meses en familiarizarse con este planteamiento, pero en cuanto lo captó, ya fue definitivo. Él me enseñó mucho sobre monos y simios, cazadores-recolectores, cómo ser mejor profesor y algunas de las mecánicas internas de la burocracia universitaria.

Nos convertimos en amigos íntimos. Pasamos muchas noches bebiendo y hablando en su casa hasta altas horas de la madrugada. Siendo yo ya era investigador posdoctoral, como Irv tenía algo de dinero extra me propuso una excursión de dos meses por diversos emplazamientos de primates importantes, para ver los monos langures de la India, los babuinos y otros mamíferos grandes del este de África o los chimpancés de una región remota de Tanzania.

Manadas masculinas de langures

Lo primero que visitamos fue la India, dos lugares donde se estaban estudiando los langures de Hanuman, uno en Jaipur, donde reinaba S. M. Mohnot, y el otro un emplazamiento de Harvard situado en Mount Abu, donde ejercía su dominio Sarah Hrdy, alumna de Irv. Quizá porque son sagrados para los grupos religiosos hinduistas locales, a los langures se les permite deambular por el pueblo y el campo sin trabas. Esos monos son especiales porque, en general, las manadas «bisexuales» tienen solo un macho adulto y hasta quince hembras adultas con su progenie. Dada una proporción sexual inicial 1:1, la composición típica de la manada da a entender que hay un montón de machos sin hembras, es decir, que en realidad viven en grupos de carácter exclusivamente masculino. Por entonces, nosotros estudiábamos ante todo manadas bisexuales, pero un día nos encontramos con una únicamente masculina, que constaba de unos veinte machos adultos maduros y unos ocho sub-adultos. En mi vida había visto unos seres más desgraciados. El grupo rezumaba tensión y agresividad, los machos se amenazaban continuamente unos a otros mientras caminaban de una manera acartonada, provocadora, lo que a veces culminaba en que uno montaba a otro sin señales visibles de erección, penetración ni disfrute por parte de nadie. Vivir en una sociedad con una proporción sexual claramente sesgada en tu contra suponía una clara desventaja, y yo me alegré de pertenecer a una sociedad y a una especie distintas.

El caso de los bebés langures es aún peor. Cuando un macho nuevo asume el control de una manada bisexual, mata a todos los bebés dependientes, así como a todas las crías nacidas en los cinco meses siguientes, pues ninguno pudo haber sido engendrado por él y al mismo tiempo impedirían la futura reproducción de sus madres con él. En muchas áreas de la India, el diez por ciento de los bebés langures de cada generación perece debido a este tipo de infanticidio. La mayoría de los antropólogos de la década de los setenta aceptaba la teoría de la selección grupal en virtud de la cual el infanticidio masculino de los bebés era un ingenioso instrumento regulador de la población. Pero no es así en absoluto. No existe correlación alguna entre la densidad demográfica de los monos y la frecuencia del infanticidio, aunque sí resulta clara la correlación entre el infanticidio y la toma reciente del poder por parte de un macho. El infanticidio es un mecanismo seleccionado en los machos para adelantarse a la reproducción personal limitada a costa de los bebés y sus madres. Era horroroso escuchar estas descripciones y verlas en las fotos, si bien Irv y yo nunca presenciamos nada parecido pese a que pasaba continuamente a nuestro alrededor.

La muerte de Flo

En el verano de 1972, incluido en las siete semanas que pasaríamos en el este de África, hicimos una excursión de dos horas en barca por el lago Tanganica, desde Kigoma, con la idea de llegar a la famosa reserva de Gombe Stream. La reserva consistía en una serie de edificios que formaban un campamento base situado a orillas del lago, y unos dormitorios de estudiantes que salpicaban las colinas, por donde deambulaban chimpancés, tres grupos de babuinos y algunos leopardos.

Al cabo de un par de horas, Irv y yo estábamos con Jane Goodall y su marido, Hugo Van Lawick, observando a Flo y su hijo Flint en la ladera, entre unos árboles. Como Jane lo había estudiado durante más de diez años, Flo había llegado a ser el chimpancé vivo más famoso, una matriarca cuyo clan había constituido la columna vertebral de los artículos y las películas de Jane. Cuando la vi, Flo ya no estaba ni mucho menos en la flor de la vida; de hecho, padecía continuamente de diarrea. Mientras la contemplábamos, cogió una pieza de fruta e intentó estrellarla contra un árbol, pero falló y se dio en la pierna. «Nunca la había visto fallar así», dijo Jane. «No le doy más de dos semanas de vida.» Mi joven corazón de alumno de posgrado me dio un vuelco. Acababa de llegar para una visita de dos semanas y, según Jane, ¡sería testigo de la historia!

Jane conocía a sus chimpancés. Unos días después, estaba yo mirando una «demostración de cascada», en la que los monos, sobre todo los machos adultos, entraban en una especie de frenesí, balanceándose de un lado a otro por los arbustos, desternillándose de risa, el vello erecto, etc. Uno casi alcanza a ver, aunque no a definirlo del todo, un sentimiento religioso, una fuerza primordial sobre la que más adelante acaso se levante algo tan enorme como la Iglesia católica.

En cualquier caso, cuando nuestros chimpancés empezaban a perder ya el control, nos interrumpió la llegada de otro estudiante con la triste noticia de que Flo había muerto. En aquel momento me encontraba con dos alumnos de posgrado, y todos nos volvimos como si fuéramos uno y echamos a andar hacia la ladera próxima al campamento base. Abandonamos el camino principal, cruzamos un tramo de maleza y llegamos a la orilla de un pequeño río que discurría hacia el campamento. Flo tenía medio cuerpo en el agua. A su lado estaba Jane arrodillada. Y captando ese momento para la posteridad había una de las cámaras más grandes que había visto en mi vida, en un trípode, con Hugo tras la lente, justo al otro lado del río. Entretanto, Flint yacía abatido en un árbol, a unos seis metros por encima de su madre.

Así comenzó el drama *humano* de la muerte de Flo. Al principio, Jane parecía decidida a organizar un funeral. Esperaba que al menos uno o más de los hijos maduros de Flo se toparan con el cadáver y mostraran alguna reacción interesante. Pero esto no sucedió jamás. La primera noche, Flo permaneció donde había muerto, y Jane se quedó allí cerca todo el rato, acompañada de muchos de nosotros, para impedir que carroñeros como el jabalí de agua se llevaran el cadáver (una razón por la que no cabe esperar que veamos muchos funerales de chimpancés). Jane estaba nostálgica: recordaba la primera época, casi a solas con los monos, disfrutando de la tranquila belleza del bosque, un tiempo en el que llegaría a conocer a Flo tanto como a su propia madre.

HEMBRAS LANGURES ATACANDO A UN MACHO INFANTICIDA. Las hembras son amigas; están intentando impedir el asesinato, pero no lo consiguen. Más adelante, como puso Hrdy de manifiesto, las hembras se intercambiaron los papeles. (Foto cortesía de Sara Hrdy.)

Por la mañana, se mantuvo una vigilancia discreta sobre el cadáver, pero, aparte de Flint, no se topó con él ningún otro chimpancé. Esa noche, el cuerpo de Flo fue transportado al campamento base y colocado en una habitación contigua a la de Irv, con espacio aéreo compartido. Al día siguiente, Irv no se quejó de haber pasado la noche junto a un cadáver sino de que llevaran de nuevo a Flo a su lugar de reposo original, con la mitad del cuerpo en el río. Como nuestra agua potable provenía de ese río, Irv no entendía por qué no se podía dejar a Flo a un metro del lugar donde había muerto, con el cuerpo *fuera* del agua. Después de todo, Jane ya había interferido en el orden natural al proteger el cadáver contra los carroñeros durante dos noches sucesivas. ¿Por qué esforzarse ahora por recrear una verosimilitud irreal cuando de este modo quizá estuviéramos poniendo en peligro nuestra propia salud?

La relación especial de Jane con el cuerpo de Flo continuó. Mandaron llamar a un veterinario tanzano de Kigoma para que llevara a cabo una autopsia, pero cuando llegó le dijeron que esperara y luego le comunicaron que a la postre no habría autopsia. Jane no quería tratar el cadáver como un mero espécimen científico, ya que era el de una amiga querida y muy llorada, de hecho su madre chimpancé. El veterinario regresó a Kigoma al día siguiente.

Sin embargo, tendría que volver, pues, aunque parezca mentira, Flint murió al cabo de unas semanas. Como había estado probando la diarrea de su madre antes de que esta muriese, por lo visto había tragado algún parásito. Como es lógico, al no haberse llevado a cabo la autopsia de Flo, no se podía realizar una comparación directa con la muerte de Flint. La autopsia de Flint indicaba que había muerto debido a una infección gastrointestinal de origen desconocido.

En su respuesta a la muerte de un miembro de una especie estrechamente emparentada, Jane Goodall puso de manifiesto la curiosa ambivalencia que mostramos ante el cadáver de uno de los nuestros. Es como si el cuerpo en descomposición debilite demasiado bruscamente el recuerdo vivo para que lo dejemos en paz. Sin embargo, desde la perspectiva de los parásitos, quizá deberíamos hacerlo: toda criatura viva lleva consigo cierto número de microorganismos patógenos y puede morir a causa de un ataque microbiano en curso. Cabe esperar que los parásitos abandonen el cuerpo muerto en busca de tejidos vivos. Si hay alguno por ahí, habrá salido de un cadáver.

Esto señala enseguida la importancia del entierro si no se va a optar por la incineración inmediata, habitual en algunas regiones tropicales. Gracias al registro arqueológico, sabemos que los seres humanos han tenido esta costumbre desde hace al menos setenta y cinco mil años. No obstante, ya en el principio aparece también un componente sentimental, pues incluso en los entierros antiguos el fallecido es enterrado junto con diversos artefactos, como utensilios, armas y otros objetos de valor. Recientemente, se supo que la cripta de un don de la mafia contenía huesos de múltiples individuos no identificados, quizá víctimas o «amigos».

BEBÉ VÍCTIMA. El joven langur muere al amanecer. (Foto cortesía de Sarah Hardy.)

Imaginemos que el muerto hubiera sido la propia madre humana de Jane. ¿Por qué no hacer la autopsia si tuviera alguna utilidad? Lo que teníamos aquí entre manos era un cadáver, no una persona. Jane había invertido más de una docena de años en un chimpancé hembra con fines científicos y de pronto decidió que era impropio que se realizara un análisis así al cadáver toda vez que ella había tenido una relación personal con su anterior propietario. Esto me hizo ver con claridad las extrañas relaciones que establecemos con los trozos de materia orgánica que en otro tiempo constituyeron personas.

Se sabe bien que las madres mono tienen un recuerdo persistente de sus crías muertas hace poco, cuyos efectos son manifiestos; en ciertas especies, estas madres transportan el cadáver de su bebé aferrado a ellas durante un período de hasta dos días tras el fallecimiento. En nuestra especie se produce un vínculo mucho más fuerte, que nos lleva por ejemplo a marcar el lugar exacto del enterramiento para el recuerdo, a menudo con una señal muy visible, de modo que la profanación de estos sitios por otras personas se considera un ataque a los parientes vivos. Pensemos en el escándalo provocado por los recientes ataques a cementerios judíos. Se entiende que los atacantes, que habían desenterrado los cadáveres y violado sus tumbas, son más depravados y antisemitas que los que causan daño a judíos vivos; de hecho, quizá lo sean realmente, pues si tan dispuestos están a profanar cementerios, a saber de qué otras cosas serían capaces. O recordemos al presidente Carter, que, ante la imagen de un *mullah* que daba un puntapié al cadáver de un estadounidense (muerto en un accidente al participar en una operación de rescate mal planeada), respondió condenando la falta de humanidad del clérigo musulmán.

En nuestra reacción ante los cadáveres hay algo profundamente irracional, y el ejemplo de las madres mono acarreando sus muertos diminutos nos revela que esta reacción absurda se remonta a épocas históricas muy lejanas. Y aunque yo, como científico, puedo poner cierta distancia y verlo en los demás como lo que es –algo irracional–, debo confesar que si sorprendiera a alguien desenterrando los restos de mi tía Mary y exponiéndolos en público, seguramente también me pondría furioso. ¿Por qué esos restos deberían estar a la vista de todos? Era *mi* tía Mary.

Los chimpancés y el engaño

Los chimpancés son muy duchos en el arte de engañar. Se han descrito muchísimos casos sacados de la naturaleza y el laboratorio. He aquí un sencillo ejemplo sacado de mi propia vida. Un día, dos chimpancés hembra abandonaron el campamento con sus crías. Les siguieron cinco científicos. Como yo tenía el rango inferior, era el quinto y último de la fila. Al rato, los monos se apartaron del camino y se internaron en la maleza. Al principio tuvimos que pasar agachados bajo las ramas, luego nos pusimos a cuatro patas y finalmente nos deslizamos a rastras. Ahora había cuatro pares de pies entre los chimpancés y yo, por lo que decidí regresar. Cuando hube llegado de nuevo a la zona donde era posible gatear, me sorprendió encontrarme cara a cara con una de las hembras que habíamos estado siguiendo. De hecho, ella se mostró igual de sorprendida al verme a mí. Al parecer, nos habían llevado a través de una vegetación cada vez más densa para que fuera más fácil despistarnos a todos simplemente volviendo sobre sus pasos. Por lo visto, esto es lo que habían hecho ella y su amiga. Volví al campamento, consciente de que había agotado mi capacidad de observación para lo que quedaba de mañana, y lo mismo debía ocurrirles a mis compañeros, que regresaron tres horas después, tras pasar todo el rato intentando encontrar a los chimpancés, uno de los cuales me había concedido el honor de ser el último en verlo.

Disciplina parental en los babuinos

Un día, en Gombe, vi lo que parecía una familia de babuinos actuando de una manera muy humana. Una hembra adulta, con una cría de unos cinco meses y un hijo joven de unos dos años, estaba sentada bajo un árbol, íntimamente atendida por un macho adulto, que la acicalaba. Los babuinos macho adultos son unos animales extraordinarios, con unos caninos enormes y el tamaño de un perro grande. Pesan más del doble que las hembras. Su mera presencia procura protección contra los enemigos exteriores al tiempo que ahuyenta también a otros babuinos.

En cualquier caso, el hijo estaba jugando con su hermano cuando el bebé se alzó sobre sus patas traseras, perdió el equilibrio y se cayó hacia atrás. Empezó a ponerse derecho, como una tortuga, cuando sus brazos en movimiento llamaron la atención del macho adulto. Este echó una mirada al niño joven, que al instante correteó hasta un árbol cercano. El adulto se acercó al árbol a grandes zancadas. Por desgracia, el árbol tenía una altura de solo dos metros, y el macho alargó el brazo y agarró al joven, lo zarandeó un par de veces y lo dejó caer.

La escena me trajo enseguida a la memoria algunas de las imágenes de disciplina grabadas en vídeo por Irv DeVore sobre cómo los babuinos adultos inculcan disciplina: en ellas se ve a machos adultos dominantes corriendo por la sabana para agarrar algún joven infractor, zarandearlo y a veces darle un mordisco simulado, por lo general como respuesta a señales de aflicción de un animal más joven y pequeño. En este caso, el transgresor ni siquiera era culpable; solo lo parecía. Pero había sido lo bastante consciente de lo apurado de su situación para pensar enseguida en tomar medidas de precaución, lo cual se parecía extraordinariamente a la regla de actuación subyacente en situaciones similares entre seres humanos: es igual quién tenga razón; como tú eres el mayor, te echo la culpa y te castigo.

Por tanto, parecía evidente que, en los monos, por más que el conflicto padres-hijos tenía que ver con los recursos parentales (leche, atención parental), guardaba también relación al menos con ciertas manipulaciones parentales de las tendencias sociales de los hijos. En principio, el conflicto podría afectar a la personalidad de los vástagos, en beneficio de los padres, mucho después de que estos hayan muerto y desaparecido. Esta clase de conflictos parecen ser una consecuencia inevitable de los grados imperfectos de parentesco que conectan a los diversos individuos. Los padres están relacionados por igual con sus hijos y cabe esperar que valoren las mejoras en el bienestar (= éxito reproductivo) de estos por igual. Sin embargo, cada descendiente está emparentado con un hermano carnal solo en una mitad mientras lo está plenamente consigo mismo, por lo que es de esperar que infravalore en la mitad los costes para los hermanos al compararlos con los beneficios para sí mismo. En otras palabras, los hermanos no se tratarán unos a otros todo lo bien que desearían los padres.

El hecho de que precisamente la conciencia y la personalidad de los hijos puedan estar en juego a la hora de imponer disciplina supuso para mí una revelación de grandes repercusiones, incluida una teoría nueva sobre la función del autoengaño. Está claro que tanto los padres como los hijos fueron seleccionados para engañarse unos a otros y, cuando fuera posible, ocultar el engaño primero negándolo uno ante sí mismo y luego ante los demás. Estoy haciendo esto por tu bien, no por el mío, me duele tanto como a ti, y así sucesivamente. Al mismo tiempo, los hijos debían afrontar el problema del autoengaño inducido, tentados, o incluso forzados, a creer una mentira que conviniera a los intereses parentales más que a los propios. Estas observaciones provocaron en mí una pequeña avalancha de ideas que duró unas semanas, tras lo cual terminé mi trabajo sobre el conflicto padres-hijos y elaboré la primera teoría convincente sobre la función del autoengaño: el autoengaño evolucionaba para engañar mejor a los demás.

En el mismo viaje al este de África, fuimos a la reserva de Masai Mara para ver cómo iba un estudio a largo plazo sobre la conducta de los babuinos y comprobar los últimos hallazgos. Irv se sintió inmediatamente consternado al ver que el estudiante de la

Universidad de California que llevaba dieciocho meses estudiando esa manada, basándose en dos años de trabajo previo, era capaz de identificar visualmente solo unas dos terceras partes de los babuinos que ahora observaba a una distancia prudencial de unos doscientos metros. Esto no era precisamente lo que Irv tenía pensado acerca de ponerse al día sobre la conducta babuina. En un abrir y cerrar de ojos tomó las riendas del proyecto. Pidió al estudiante que le dejara llevar el Land Rover, y al cabo de un par de horas estábamos conduciendo entre la manada –el alumno de posgrado abrumado por los datos, como era de esperar–, mientras Irv señalaba que el joven de ocho meses de la derecha estaba vomitando y parecía enfermo mientras que uno a la izquierda, que andaba a zancadas junto a la que daba la impresión de ser su madre dominante, parecía en forma y dispuesto a todo. La visión desde dentro es siempre la más profunda.

Caza con perros de caza

Las dos anécdotas que vienen ahora no tienen nada que ver con Irv DeVore ni los babuinos, pero las incluyo aquí porque son historias interesantes relacionadas con la observación de animales en África.

En 1978 me reuní con mi alumno de posgrado James Malcolm en el Serengeti de Tanzania. James, toda una autoridad en lo tocante a los perros, estaba estudiando los perros de caza, que no son parientes cercanos de los perros comunes. Aquellos vivían en un sistema social inusual en el que normalmente solo una pareja tenía descendencia, y los hermanos y otros parientes masculinos del padre, al igual que esporádicamente algún pariente de la madre, ayudaban en la madriguera. Nuestro cometido era averiguar si su comportamiento encajaba con las expectativas hamiltonianas, es decir, si, desde el punto de vista genético, estos ayudantes salían ganando más así que mediante la reproducción.

Los perros salían de noche a cazar en grupo, y a menudo traían una presa de dimensiones considerables, como un ñu o un antílope pequeño. A continuación tragaban todo lo que podían y (cuando estaban criando) regresaban a la guarida y regurgitaban buena parte de la comida para las crías. James intentaba calcularlo todo, la ingesta, el rendimiento y, si era posible, las relaciones de parentesco entre unos y otros.

Lo más divertido fue vivir juntos en un Land Rover varios días durante los cuales seguimos a los perros cada noche sin regresar al campamento de investigación. Teníamos suficiente combustible y comida, y dormíamos de día en dos hamacas colgadas dentro del vehículo. Tomábamos juntos un desayuno por la tarde y después seguíamos a una manada concreta de perros cuando salía de caza. Al principio, los perros iban trotando y resultaba fácil vigilarlos, pero en cuanto localizaban una presa e iban por ella, el ritmo se aceleraba bruscamente. De pronto teníamos que conducir a cincuenta o sesenta por hora, con una visibilidad limitada y sobre un terreno lleno de agujeros, algunos hechos erizos pero otros lo bastante grandes para engullir una rueda o incluso romper un eje delantero. Nuestro objetivo era llegar lo antes posible una vez hubieran capturado una pieza, para que James pudiera evaluar el consumo de la presa por los diferentes perros además de, si había suerte, hacer cálculos de la comida regurgitada por esos mismos perros en las crías.

Solo había un pequeño problema. A las hienas también les gustaba llegar hasta el escenario de la carnicería lo antes posible para quedarse ellas con la presa. Cada vez que veían perros cruzando la llanura a toda prisa, solían arrancar al punto, si bien muchas veces los perros pasaban desapercibidos para las hienas, que no alcanzaban a verlos. No era el caso del Land Rover de James, un vehículo grande que se elevaba por encima del suelo y, lo mejor de todo, tenía dos faros luminosos. Así, las hienas seguían al Land Rover, y esa primera noche los tres grupos llegamos con poca diferencia. Dos hienas libraban ya una batalla campal con los perros, intentando arrebatarles la presa o al menos algunos pedazos para comérsela. Aunque eran muy inferiores en número y vulnerables a ataques por los flancos, son animales grandes y peligrosos, como bien sabían los perros de caza.

Las hienas amenazaban con comerse la tesis doctoral de James, algo que este no estaba dispuesto a permitir. De repente, el alumno de posgrado tomó partido en la refriega poniéndose del lado de los perros. Llevó una y otra vez el Land Rover directamente contra una hiena, lo que la obligó a retirarse, y luego dio marcha atrás y arremetió contra la otra. Yendo de un lado a otro, luchó por mantener a las hienas a raya mientras algunos de los perros las hostigaban desde detrás y el resto daba buena cuenta de la pieza capturada. Entonces James empezó a tomar notas sobre qué perros tragaban cuánta carne. Su intervención pareció ser satisfactoria: la mayor parte de la presa terminó en el estómago de los agresores, y las hienas obtuvieron relativamente poco a cambio de tanto esfuerzo. Después seguimos a los perros a un paso mucho más pausado hasta su propio campamento a fin de cuantificar la regurgitación de la comida para los cachorros.

De regreso, no pude evitarlo. Después de todo, yo era su director de tesis. Con un tono de lo más amable, dije: «James, ¿cómo vas a incluir lo que acabas de registrar en la sección de metodología de tu tesis?». Hubo una breve risa y una larga pausa (o acaso fuera al revés). Lo mejor que podría decirse de su actuación era que había creado un problema artificial con su llamativo Land Rover y que luego había intentado subsanarlo también con el Land Rover, pero cualquiera que hubiera presenciado la escena de la carnicería —James frente a las hienas— podía apreciar en toda su magnitud lo absurdo de recoger científicamente datos puros de la vida salvaje. No recuerdo haber visto nada al respecto en la sección de metodología de su tesis, ni que él se sintiera afligido por esa omisión.

DISCIPLINA MATERNA. Mi hija Natasha a punto de dar una bofetada a su madre, Lorna, cuya mirada sugiere que eso no estaría bien. Al final Natasha no le dio la bofetada.

Caza cooperativa de pelícanos en Senegal

Al nordeste de Senegal, cerca de la famosa ciudad de Saint Louis, se encuentra la reserva de marismas más grande del planeta; y, de hecho, la tercera reserva natural de aves del planeta en orden de importancia. Se trata de una soberbia intersección de agua dulce y marina, dos ricos mundos que chocan y se entrelazan. Acompañado de un barquero y un naturalista local, vi grandes serpientes (más largas que yo) nadar tranquilamente junto a nuestra lancha motora. Observé un acto de selección natural cuando mi guía señaló un rápido despegue de pelícanos blancos (adultos) desde su isla de cría mientras un zorro agarraba un polluelo marrón, demasiado duro de mollera para coger las cosas «al vuelo».

El guía también me mostró la escena más bonita de todas. En las condiciones adecuadas (sean cuales fueran), los pelícanos formaban un círculo grande, de unos treinta o cuarenta individuos, en el que estaban todos vueltos hacia dentro. Después se inclinaban hacia atrás y chapoteaban con los pies al tiempo que se desplazaban hacia el centro, con lo que estrechaban el círculo, que así encerraba a todos los peces que hubiera. De repente, en respuesta a alguna señal inadvertida, se sumergían en el agua al unísono con el fin de atrapar la mayor cantidad de peces posible. Mientras contemplaba este tremendo espectáculo cooperativo, lo sentí muchísimo por los pobres peces de ahí abajo.

7
Atracado a punta de pistola en East Kingston

A finales de la década de los sesenta, había en East Kingston un club muy agradable, justo después del manicomio de Windward Road. Para un viajero que pasaba en la ciudad breves períodos de tiempo, el Village Club ofrecía ventajas muy claras: además de contar con un bar y una pista de baile, alquilaba habitaciones para pasar la noche y también alojaba aparte a varias mujeres jóvenes a las que podías conocer en el bar o en la pista.

Por una cantidad razonable de dinero (pongamos, ochenta dólares americanos), podías beber, bailar, alquilar una habitación y, lo más probable, pasar la noche con una mujer. De este modo, por tanto, estabas alentando la prostitución y te sentías algo culpable al respecto, pero no lo suficiente para dejar de ir. Enseguida me hice amigo de la mujer que dirigía el establecimiento en nombre de unos propietarios ausentes. Una especie de madam. Llevaba el bar y reservaba las habitaciones. También controlaba a las chicas. Era blanca y delgada, llevaba el pelo teñido de negro y un rostro muy maquillado. Tendría cincuenta y tantos años y vivía en el local. Su novio era un jamaicano fornido, corpulento, de piel oscura, con los cuarenta ya cumplidos. Había otros dos o tres empleados masculinos que trabajaban sobre todo como camareros.

El hecho de que el club estuviera un tanto alejado de las zonas más transitadas era una ventaja: se hallaba situado al final de un callejón sin salida de un área residencial no muy frecuentada. Por otro lado, su aislamiento suponía asimismo una amenaza. Te podían robar o asaltar y, en un barrio indiferente o incluso hostil hacia la víctima, se podía tardar bastante en dar la voz de alarma. Yo era siempre consciente de esto mientras recorría la calle en dirección al club. Para empezar, antes de parar delante del local, solía hacer el cambio de sentido para que el coche estuviera encarado hacia fuera, por si había que salir a toda prisa. El club estaba rodeado por un muro exterior alto y una valla. Entrabas por una puerta, junto a la cual había una pequeña ventana que te permitía ver el interior y por la que te podían inspeccionar, a su vez, desde dentro. Al principio había sido costumbre dejar la puerta abierta, pero en la última época se cerraba y para entrar tenías que llamar. En todo caso, tan pronto cruzabas te veías dentro de un complejo habitacional: cerrado por todas partes, incluía diversos pasillos y cuartos interiores, además de una pista de baile y un bar inmediatamente a tu izquierda y, en los años setenta, una cocina rústica bajo un tejado de paja en un espacio libre a la derecha. A finales de los sesenta, la parte trasera estaba más cerca del vecindario circundante, y la valla tenía menos altura, debido a lo cual eras perfectamente consciente de que si algún vecino quería atacarte, podía saltar sin dificultad.

Después de que la ganja fuera despenalizada por el gobierno a mediados de la década de los setenta, se liquidó el negocio. Esto coincidió con la aparición de algunos hombres jóvenes de una comunidad cercana que quizá tuvieran también alguna relación con los trabajadores residentes. Todo ello concordaba muy bien con un cambio más amplio que estaba produciéndose en el conjunto de la isla. Los jamaicanos estaban reclamando sus playas, por lo cual los hoteles ya no podían excluir a la población de los magníficos tramos de la costa del norte. A medida que la cultura reggae y rasta recuperaba danzas y canciones, en los bailes tradicionales había cada vez más rastas rurales (y pseudo-rastas, como yo mismo). Los hombres recién llegados al Village Club habían entrado, como cabía esperar, saltando la valla de atrás.

En 1974, me casé y durante varios años dejé de acudir al Village Club. En diciembre de 1978, había un colega de Estados Unidos de visita, a quien llevé al club junto a varios amigos jamaicanos del campo. Mi amigo estadounidense enseguida advirtió que entrábamos en un complejo situado al final de un callejón sin salida. No le tranquilizó la imagen de unos hombres jóvenes de aspecto hostil en la zona de la pista de baile. Tampoco me gustó a mí el comportamiento de una mujer joven que me atrajo hacia un cuarto interior, aunque con la idea de dejarme allí mientras iba a consultar a las demás. Como no eran capaces de cambiar cincuenta dólares americanos por una cantidad adecuada de dinero jamaicano, aproveché esto como excusa para escapar diciendo que regresaría en cuanto hubiera podido cambiar el dinero. Mi amigo estadounidense, profesor de la Universidad de California, se alegró mucho de estar de nuevo en el coche y de que nos alejáramos del club a toda velocidad. Y también mis amigos jamaicanos. Uno había abordado a una mujer india y había sido rechazado. Sin embargo, tras dejarlo solo con un jamaicano de aspecto vagamente amenazador de unos treinta años, ella regresó, sonriendo afable, para solicitar su compañía. Un giro de los acontecimientos que él consideró –acertadamente– de mal agüero.

Me veo implicado en un atraco a mano armada en curso

Intenté visitar el club dos veces en 1979, pero el taxista de turno que me esperaba frente al hotel, el Sheraton de New Kingston, se negó a llevarme porque «el club había decaído mucho». Una noche de octubre volvía yo de un club de Rae Town en un coche alquilado, cerca de la Penitenciaría General de East Kingston, cuando se apoderó de mí un deseo inmediato de ir al Village Club, por lo que doblé bruscamente hacia Windward Road diciéndome para mis adentros: «Veamos si ha decaído tanto». Iba a averiguarlo.

Tras aparcar el coche orientado hacia fuera y acercarme a la puerta, pasó algo insólito. Una mujer joven surgió de las sombras y me preguntó si quería entrar en el local. Esto no había ocurrido antes, y, como lógicamente estaba dirigiéndome a la puerta del club sin otra opción a la vista, sospeché un poco. Aunque no lo bastante para ponerme en guardia. «Sí», dije, y ella se apretó contra la ventana y llamó. Tras unos breves instantes, se abrió la puerta y la mujer entró «meneando el trasero» todo lo posible para llamar mi atención. Al punto fui agarrado a ambos lados por dos hombres, cada uno de los cuales me puso un revólver detrás de la oreja y me empujó hacia delante. A la izquierda, con la espalda pegada a la pared de la pista de baile, había un hombre jamaicano de piel oscura, talla mediana y unos cuarenta y tantos años. Se aguantaba la frente, donde parecía tener una herida de la cual goteaba sangre que formaba un charco en el suelo. Al ver la sangre, confieso que la confundí con ketchup. Me di cuenta de que me había metido por error en una operación de desplumado, y que los siguientes minutos no iban a ser divertidos, si bien al principio había creído que era un montaje, una pequeña obra de teatro urbana pensada para asustarme y sacarme dinero. Tonterías. Pronto me iban a sacar de mi error. Además de los dos pistoleros que me apuntaban con sus armas, había otros tres, uno observando al jamaicano herido y dos esperando para darme la bienvenida. Eran todos jóvenes, entre el final de la adolescencia y los veintipocos, y parecían muy nerviosos.

¿Dónde está el dinero?

Los dos hombres que tenía enfrente se pusieron a gritar de golpe. «¿Dónde está el dinero? ¿Dónde está el dinero?», y empezaron a hurgar en mis bolsillos. Me volví ligeramente a la derecha para facilitar el acceso a mi cartera, en el bolsillo trasero izquierdo, pero, como si funcionaran con arreglo a pautas diferentes, buscaron en la dirección opuesta. Enseguida encontraron treinta y cinco dólares jamaicanos en billetes sueltos (unos diez dólares americanos), la llave del hotel y las llaves del coche. Entonces habló el jefe: «Contra la pared». Alcancé a ver al hombre jamaicano de cara, sangrando por la herida de la cabeza seguramente debido a culatazos, y decidí protegerme la cara y dejar ver la cartera. Puse la cara y las manos contra la pared. En aquel preciso instante, algún idiota que quería sumarse a la fiesta llamó a la puerta, y el jefe hizo una señal a los que me vigilaban para que lo dejasen entrar. Así lo hicieron, y también le colocaron las armas en la cabeza y lo registraron a toda prisa. «¿Dónde está el dinero? ¿Dónde está el dinero?», oí cuando miré hacia la puerta.

De un vistazo, alcancé a ver que la puerta no estaba cerrada por dentro. En el pasado, alguna vez me había despertado por la mañana sin suficiente efectivo para pagar la cuenta del bar. Entonces me escabullía para volver más tarde. Esto, a su vez, hacía que la gente cerrase desde dentro. Para evitar bochornos, yo había aprendido a determinar desde lejos si una puerta estaba ya cerrada. Ahora podía ver que no, por lo que decidí hacer mi jugada. No me quedaba otra. Me precipité a la puerta, la abrí de golpe y salí a la libertad.

Consigo huir

El coche alquilado estaba a mi derecha, pero no servía de nada. Aunque hubiera tenido las llaves, no me habría parado para meterme en él. Giré a la izquierda y eché a correr calle abajo. Me sentía fuerte y libre, lejos del encierro en un club venido a menos, y no tenía intención alguna de ser capturado de nuevo esa noche. No pensaba volver aunque me persiguieran hasta Spanish Town. A mitad de camino, junto a la acera, vi a un grupo de jamaicanos en los que me había fijado a la ida. Como ninguno de ellos me había avisado de lo que estaba pasando, tuve la impresión de que tal vez estaban en el bando de los ladrones, por lo que pasé por su lado corriendo. En ese momento, un hombre chilló: «¿Qué pasa, hombre? ¿Qué pasa?». Sin aflojar el paso, contesté: «Un montón de cosas malas en el club», y seguí dando zancadas.

En Windward Road tenía que tomar una decisión. Podía doblar a la izquierda, donde llegaría antes a una parada de taxis pero en la misma dirección que el tráfico (los jamaicanos conducen por la izquierda). El camino de la derecha me llevaría a un tramo largo y desierto más allá del manicomio, pero parecía más seguro si me perseguían en coche. Giré a la derecha. Al cabo de tres manzanas, conseguí parar un taxi y convencer al conductor para que me llevara a la comisaría de Rollington Town.

La comisaría de policía de Rollington Town

No se veía ningún coche patrulla, solo vehículos camuflados. Si algún letrero anunciaba la existencia de una comisaría, no había reparado en él. Pregunté al taxista si estaba seguro de que aquello era una comisaría, y dijo que sí, que entrara. No se veía un alma de uniforme, pero sí andaban por ahí varios hombres altos, oscuros, fornidos, vestidos con colores apagados. El más viejo se hallaba tras un mostrador. Le dije que me habían robado en el Village Club. Me preguntó qué. Se lo dije y luego proseguí, imprudente: «Pero pasaron por alto mi cadena de oro». Y al abrirme la camisa para demostrárselo, estuve a punto de decir «y trescientos dólares americanos de mi cartera», cuando él me interrumpió con voz áspera: «¿Cómo? ¿Le dejaron algo?». Rasta George, pensé, tras todos estos años, ¿no sabes que, a altas horas de la noche en una comisaría de Jamaica, es una insensatez decir que aún tienes algo que vale la pena robar?

Cuando le expliqué al hombre que el robo aún estaba llevándose a cabo, indicó a dos hombres que me llevasen de vuelta al club. Los dos, jóvenes y de aspecto serio, llevaban pantalones oscuros y una camisa oscura. Subimos a un coche oscuro, camuflado, y enseguida nos pusimos a noventa y cien kilómetros por hora, con las luces apagadas, a través de las calles oscuras y desiertas de East Kingston.

Regreso con la policía

Cuando llegamos al club, en el exterior había una multitud congregada. El robo había terminado, y los ladrones se habían marchado en otra dirección saltando la valla de zinc de detrás. Los presentes estaban contentos y animados mientras comentaban unos con otros la reciente aventura. Casi al instante, una joven se me acercó y, delante de la policía, dijo: «¡Bob! ¡No sabía que eras tú! ¡No te había reconocido con este sombrero!». No estaba luciendo mi habitual gorro rasta, desde luego, que es como una gorra de marinero de punto, sino un sombrero de ala más ancha que había comprado hacía poco en Panamá. En esa época, pensaba ingenuamente que me daba un aspecto sofisticado, despreocupado. De hecho, con el gorro rasta al menos parecía más cabal, o incluso policía de incógnito, algo por lo que me tomaban, según Huey Newton, en los bares nocturnos de East Oakland, lo que convenía a mi seguridad. Pero con el sombrero de ala ancha y la guayabera filipina parecía exactamente lo que era: una presa fácil.

Luego ella dijo algo que me pareció de veras asombroso. «¡Bob! ¡Si hubiera sabido que eras tú, no habría permitido que entraras ahí y te encontraras con esos tipos malos!» Dios mío, pensé, no es muy prudente admitir ante la policía haber ayudado y contribuido a la comisión de un delito. Pero los policías no prestaban atención. Entonces, una anciana bajita, oscura y de pelo gris se me acercó y me dijo: «Jefe, no sabíamos que el hombre blanco podía volar hasta que te hemos visto pasar». Al parecer, ella estaba en el grupo que me encontré en mi huida. Todos se rieron a carcajadas. Se instaló en el ambiente un espíritu festivo. Estábamos contentos de seguir vivos. Ahora compartíamos la alegría de la experiencia, si podía llamarse así.

Finalmente, uno de los policías se dirigió a mí: «¡Doctor! Doctor, creemos que no es un barrio seguro para usted esta noche». Yo me inclinaba a pensar lo mismo. Me propusieron acompañarme a una parada de taxis donde pudiera coger uno que me llevara al hotel. Enseguida estuvimos en marcha, yo en el asiento de atrás, cuando tuvo lugar una sorprendente conversación entre los dos agentes de delante.

¿Un robo socialista?

Un poli se volvió hacia el otro y habló en dialecto (creyendo, quizá, que así yo no lo entendería o, más probablemente, que, si lo entendía, no haría nada). «Me da igual quién aprobó esto, no creo que fuera una buena idea. No me importa si fue fulano a nivel comunitario o alguien a nivel del distrito. No es una buena idea ¡porque nunca sabes con quién te vas a encontrar!». Su compañero asentía. Seré yo, pensé. Jamaica era muy sensible a cualquier daño a los extranjeros. Yo no era, en sentido estricto, un turista, sino un ciudadano de Estados Unidos de piel clara cuya muerte en un robo chapucero tolerado por el gobierno podía tener unos costes enormes para el negocio turístico. Todo lo demás había salido según lo planeado. Por ejemplo, el jamaicano golpeado era, como supe después, un cliente asiduo del club, que acudía cada semana o dos con su enorme radiocasete a gastarse varios cientos de dólares. Con mi aparición inesperada, les había chafado la guitarra. Para la comunidad en su sentido más amplio, mi valor radicaba en el color de la piel y la nacionalidad. Vivo, representaba un símbolo palpable del turismo, una industria que en aquella época atraía anualmente a la isla un visitante por cada dos residentes. Muerto, representaba una imagen algo distinta. Los medios de comunicación de Estados Unidos son tan sensibles a los percances sufridos por sus ciudadanos en el extranjero, que aunque las víctimas sean solo dos jamaicanos que vigilaban la embajada estadounidense, esas muertes asustan mucho a la gente. ¿Cómo iban a relajarse los estadounidenses en las playas de la costa del norte si su embajada podía ser atacada? Tras aquel suceso se produjeron un montón de cancelaciones al iniciarse la temporada turística, pues las muertes se habían producido oportunamente unas semanas antes. De todos modos, como estratagema electoral, si es eso lo que se pretendía, fracasó: en 1976, el PNP conservó el poder.

En cualquier caso, los policías parecían estar diciendo que el conjunto del robo era un asunto de la comunidad aprobado por políticos locales y autorizado por la propia policía. En la medida en que las autoridades estaban involucradas, este pequeño robo socialista era un ejemplo de justicia revolucionaria, una forma extrajudicial de castigo tolerada por el Estado. En la década de los setenta, era un concepto muy popular entre los círculos progresistas. Si el robo era realmente un caso de justicia extrajudicial con autorización estatal, yo estaba más protegido de lo que creía. De hecho, al día siguiente me enteré de que, cuando me dirigí a la puerta, uno de los ladrones gritó «mira el hombre blanco, se ha ido», y el jefe dijo «deja que se vaya». También supe que el propietario había cerrado la caja fuerte y abandonado el local una hora antes del robo. Aunque por lo visto una o dos mujeres habían recibido una paliza, me consta que al menos dos estuvieron en el robo y no vi ninguna señal de que hubieran sido lastimadas. A un hombre le habían propinado culatazos, a otro le habían disparado en el cuello (la herida no era mortal), al cocinero le habían atizado en la cabeza. No obstante, la recaudación no debió de ser muy elevada. ¿Quizá unos mil dólares jamaicanos (doscientos dólares americanos), o dos mil, y algunas pertenencias variadas? Apenas bastaría para pagar a los ladrones, no digamos a una red más amplia. Me da la sensación de que dos policías pasaron la noche con dos de las mujeres para mantener el lugar seguro y que también eso sería contabilizado en algún sitio como coste o beneficio.

Aquella noche tuve que pedir otra habitación en el Sheraton. Los ladrones tenían mi llave. Al personal le hizo gracia el motivo del cambio, pero a mí no. Estando los socialistas (PNP) en el poder, el propio hotel parecía ligeramente hostil. El precio de la habitación había subido mientras el servicio y la ocupación habían bajado en picado. En el ascensor y los pasillos estabas solo. Podías imaginarte a una banda de atracadores campar a sus anchas por las diversas plantas a altas horas. Tal como se me había pedido, por la mañana me presenté en la comisaría de policía para rellenar algunos formularios. Estaban el cocinero y otras víctimas. A estas alturas, el alboroto causado por el robo y nuestra condición de supervivientes se había disipado. Estábamos todos algo abatidos. Aquella noche, mi cuñado me llevó al campo pero no sin pasar antes por algunas calles duras y temibles de West Kingston. Doblamos por una callejuela que estaba parcialmente bloqueada por una motocicleta; había tres hombres trabajando en ella, y ninguno de ellos mostró la menor intención de despejar el camino. Mi cuñado, un mecánico de coches de complexión robusta, se puso a maldecir y fue acercando el vehículo a base de breves acelerones ante el injustificado obstáculo. Dios santo, pensé, he sobrevivido a un robo a mano armada y a la policía, y ahora voy a morir en un enfrentamiento callejero, quizá organizado adrede, en un oscuro callejón de West Kingston. Pero no, los hombres se apartaron poco a poco, y mi cuñado, sin dejar de soltar palabrotas, logró seguir su camino.

Fue dos días después, en el campo, cuando desarrollé la ilusión de que una tercera parte de mi cabeza había salido volando, sensación que duraría casi una semana. Es algo que he notado de forma repetida. El suceso real da lugar, en este momento, a las reacciones que pueden salvarte la vida –lucha o escapa, adrenalina–, pero que en otro tiempo te salvaron de experimentar el miedo que siente uno cuando está a punto de perderlo todo.

El Village Club en los ochenta

Por extraño que parezca, durante varios años no tuve ganas de volver al Village Club. Sin embargo, en 1986 conocí a una joven en Montego Bay que, según dijo, vivía en lo que quedaba del Village, por lo que la siguiente vez que estuve en Kingston cogí el coche de un amigo mecánico que trabajaba con mi cuñado en East Kingston y lo llevé conmigo a una misión en el club. Mi amigo mecánico era un hombre algo más bajito que yo pero de complexión robusta. De unos cuarenta años de edad, había sido adiestrado en el ejército británico en una serie de maniobras de asalto e inmovilización y contaba con la ventaja añadida de ser conocido en la zona. No obstante, mientras nos dirigíamos al local me sentía tenso y asustado. La carretera estaba llena de socavones, y el vecindario parecía más pobre y lleno de gente que en la década de los setenta. La calle, por su parte, se había cargado el club. La puerta y la alta valla de delante habían desaparecido, había vehículos en distintos grados de abandono aparcados donde me habían robado y tres mecánicos trabajando. La parte delantera era ahora un negocio de reparación de automóviles. A saber lo que había detrás.

8

Glenroy Ramsey: maestro cazador de lagartos

En todas las profesiones y condiciones sociales te encuentras con personas de talento excepcional. Para mí, una de esas personas fue Glenroy Ramsey, un marginado que contraté para atrapar lagartos cuando tenía doce años. Era el mejor cazador de lagartos que he conocido jamás, lo cual no es moco de pavo, pues seguramente he manipulado más lagartos jamaicanos trepadores que ningún otro ser humano vivo y he empleado con regularidad a jóvenes de edades comprendidas entre los doce y los dieciséis años para que los atraparan para mí. También he capturado lagartos en Haití, Panamá, Cuba, el este de África, Europa y Estados Unidos, y nunca he visto a nadie como el señor Ramsey. Si existiera un equipo jamaicano de cazadores de lagartos que participase en competiciones internacionales (como pasa con el críquet), Glenroy sin duda formaría parte de él y probablemente sería uno de esos raros individuos cuyas hazañas se comentan durante décadas.

Pondré dos ejemplos de los poderes especiales del señor Ramsey. Una vez, Glenroy capturó el lagarto verde macho más grande que he visto en mi vida, y también la hembra de mayor tamaño. Esto no era tan sorprendente, pues seguramente llegaría a coger una tercera parte de todos los lagartos que han ido a parar a mis manos. Lo realmente extraordinario fue que atrapó los dos en el mismo momento, mientras copulaban, pasando un sedal de nailon alrededor de sus cabezas y luego sacándolos del árbol mediante un suave tirón. Tener a los dos lagartos de mayor tamaño apareándose era, desde el punto de vista estadístico, un acontecimiento tan raro que constituía un hecho científico de primera magnitud. En otras palabras, en principio, un científico como yo habría podido publicar en una revista como *Herpetologica* un artículo breve basado casi exclusivamente en esta captura.

Un segundo logro insólito sugiere que las proezas del señor Ramsey tal vez se deban a la intervención de la Providencia. Dos científicos de Florida estaban de visita en mi lugar de trabajo de Southfield, Saint Elizabeth. Estudiaban cangrejos en las bromelias, pero querían ver mis lagartos, sobre todo el verde y el de color café. Demasiado enfrascado en la conversación para acompañarle, pedí a Glenroy que capturara un macho grande de cada especie. Al cabo de apenas quince minutos ya estaba de vuelta con un gran lagarto verde macho colgando de una soga atada al cuello. Asomando por la boca del macho se veían las patas traseras y la cola de otro lagarto. Cuando lo sacamos, resultó ser un gran lagarto macho color café, muerto desde hacía un tiempo ¡y envuelto en limo! Una vez más, el señor Ramsey había tenido un desempeño que superaba en mucho las expectativas habituales. Esta vez había atrapado dos *especies* al mismo tiempo. Por cierto, para Glenroy no habría resultado muy difícil preparar por su cuenta todo el montaje, capturar a cada macho por separado y obligar a uno a tragarse al otro. Sin embargo, esto habría costado muchísimo y las pruebas físicas directas indicaban otra cosa: el lagarto color café mostraba demasiadas señales de haber estado dentro del lagarto verde bastante tiempo. De hecho, fue la considerable dificultad del verde para tragarse a su presa lo que había permitido una captura relativamente fácil.

Glenroy y yo trabajábamos a menudo en equipo. Cuando los lagartos verdes se asustaban al vernos, a veces huían a las hojas más altas de su árbol. Y aunque Glenroy trepara, no siempre podía ver al animal (que, por ejemplo, estaba echado sobre una gran hoja de mango). Cuando sucedía esto, por lo general yo dirigía el ataque desde el suelo, observando con los binoculares y dando instrucciones para ayudarle a llevar su palo cerca de la presa. También echaban una mano otros que daban a Glenroy indicaciones desde sus respectivas posiciones en el árbol. Cuando por fin la cuerda se deslizaba por la cabeza del animal, alguien gritaba «¡tira!», y Glenroy levantaba el lagarto en el aire. Después, yo lo medía, determinaba su sexo y le pintaba el número en el dorso para su reconocimiento inmediato, lo cual nos permitía estudiar individuos en estado salvaje. También les recortábamos dos o tres uñas para que cada lagarto tuviera una marca permanente, ya que mudaban de piel cada tres o cuatro semanas y, con la piel, desaparecía la pintura.

Solo buscaba sus ojos

En una ocasión pregunté a Glenroy qué buscaba cuando iba a cazar lagartos. Casi todo el mundo busca una cabeza que sobresale tras una rama o un tronco. A veces intentamos percibir una cola o la silueta típica. Sin embargo, Glenroy decía buscar solo «los ojos». Nos reímos todos con ganas. Al fin y al cabo, ¡la mayoría de los lagartos ya son muy pequeños para que encima tengamos que intentar verles los ojos! No obstante, con el paso de los años llegué a considerar esto un hecho muy significativo sobre el enfoque de Glenroy. En la naturaleza, la visión de los ojos desempeña un papel destacadísimo en las relaciones entre el depredador y la presa. Incluso cuando la presa finge estar muerta –haciéndose la dormida, por ejemplo–, mantiene invariablemente los ojos abiertos de par en par. Los ojos reflejan la conciencia y la atención de su dueño. Los depredadores también se fijan en los ojos de la presa, pues un golpe en la cabeza inhabilita y mata. Esta tendencia dio lugar a la evolución de numerosas imitaciones: por ejemplo, ojos falsos ubicados en las alas de las mariposas para desviar el ataque de un depredador hacia una parte relativamente prescindible de su anatomía.

Quizá Glenroy poseía una capacidad especial para concentrarse en los ojos, lo que explicaría, en parte, su enorme destreza en la captura de lagartos. Es una posibilidad, pero a saber cómo funciona realmente la interacción. Por lo que sabemos, algunos lagartos que veían acercarse a Glenroy debían de pensar para sí (por decirlo de alguna manera): «¡Rasta George! Si miro a los ojos a este demonio, ¡me reconocerá! Mejor me largo zumbando». De este modo, el animal hacía un movimiento y atraía la atención de los ojos que intentaba evitar.

A propósito, antes he dicho «en parte» porque no cabe imaginar ni por un momento que la habilidad de Glenroy era solo cuestión de algún truco ocular o un ardid con los ojos de los lagartos. Para evaluar la capacidad mental que implicaba su éxito, tenías que verle reflexionar como un estratega que afronta las situaciones más complicadas. En los últimos años que pasamos juntos, una captura podía producirse así: tras descubrir un lagarto, veía a la primera si iba a ser una captura difícil. Por ejemplo, si el lagarto era una hembra adulta pequeña, ya nerviosa por nuestra presencia, en un árbol con demasiado dosel arbóreo y muchas vías de escape, entonces Glenroy diseñaba una estrategia: cerraba esas vías, colocaba a otros chicos para que observaran desde ángulos diferentes y controlaba al animal al mientras se acercaba trepando y moviendo su palo. Algunas luchas épicas entre el hombre y el lagarto duraban media hora o más, y cuando Glenroy por fin abandonaba el árbol con el lagarto en la mano, este sabía que había sido engañado, que se había topado con una fuerza superior, que una mente privilegiada lo había agotado hasta vencerle por cansancio. En la campaña de Glenroy participaban otras mentes aparte de la suya, desde luego, pues la operación en su conjunto estaba financiada por la Universidad de Harvard, por no hablar de la Administración de Estados Unidos, pero era la gran destre-

DOS LAGARTOS ENORMES COPULANDO. En un área de estudio más pequeña y reciente, al parecer el macho más grande prefiere a la hembra más grande y viceversa. (Foto cortesía de Robert Trivers.)

za de Glenroy lo que domeñaba a casi todos los lagartos difíciles, y solo ocasionalmente alguna hembra lograba huir y esconderse del Equipo de Caza Cooperativa de Lagartos del Gran Southfield, posponiendo permanentemente su encuentro con la ciencia.

Es muy probable que sus diversas habilidades tengan un componente genético. Su abuelo era un ladrón rural legendario. He aquí un famoso truco que solía utilizar: no te robaba la vaca, sino que prefería acercarse a cuatro patas a las tres de la mañana, con tallos altos de hierba atados a cada parte del cuerpo. Además de como camuflaje en caso de que apareciera el dueño, esto le servía como comida que ofrecer al animal. Una vez junto a la vaca, la ordeñaba, mientras ella se comía la hierba que él amablemente le había llevado. A partir de ahí, la vaca esperaba su regreso y no lo recibía con ningún sonido desagradable que pudiera atraer la atención humana.

Los lagartos no tenían por qué temernos tanto. Aunque la captura fuera accidentada, casi nunca los matábamos. El animal perdería un par de uñas, vale, lo mismo que cualquiera del área de estudio, así que no se cometía ninguna injusticia flagrante. (Jamás cortábamos las del dedo gordo de las patas traseras en consideración a su evidente utilidad.) Sin embargo, la verdad es que los lagartos nunca llegaban a querernos, y las posteriores recapturas solo empeoraban las cosas. Al final quedó claro que podían diferenciarnos de las otras personas de la zona. Durante un tiempo pensé que esto quizá se debía a mi piel clara, una pista fácil, pero un día comprendí que no era necesariamente eso. Estaba yo escondido tras unos arbustos observando a cierta distancia, con los binoculares, un gran lagarto verde macho. El animal, de color verde brillante, estaba encaramado en un tronco de mango a unos cuatro o cinco metros del suelo, cabeza abajo. Pasaba un jamaicano tras otro, en ambas direcciones, algunos bastante cerca, sin que se produjera ninguna reacción clara del lagarto. De pronto, este echó un vistazo rápido a la calle, se volvió y echó a correr hacia el follaje de encima. Miré calle arriba y vi a dos de mis cazadores con un cartón de zumo en la mano volviendo de la tienda. Ninguno llevaba palo alguno (otra pista clara), pero los dos inclinaban la cabeza ligeramente hacia atrás y, por puro hábito, solían rastrear los árboles con los ojos. Tal vez esa era la señal para el lagarto, o quizás a estas alturas ya conocía la aborrecible imagen de todos y cada uno de nosotros, ¡con independencia de cómo nos acercásemos!

Dejar que la ganja te abra los ojos

Un día, mientras estábamos capturando lagartos verdes, un macho grande posado en un árbol de cierta altura echó a correr hacia arriba en cuanto nos vio. El árbol tenía un tronco largo y pelado con apenas algo de vegetación hasta la mitad y luego una decente masa verde en lo alto. Mis trabajadores, de entre trece y catorce años, tenían ante sí una subida de veinte metros, pero antes se sentaron religiosamente y liaron tres porros trompeta. Mientras se fumaban su ganja, yo miraba consternado. El árbol me parecía aterrador, incluso con la mente despejada, y no me cabía en la cabeza que nadie pudiera llegar a buen puerto con una considerable carga de ganja encima. De repente lo vi todo claro: uno se agarraría mal, se desplomaría desde quince metros y sufriría una muerte horrible. Y yo tendría que llevar corriendo su joven cuerpo destrozado directamente al hospital de Black River. «Ingresó cadáver.» Y a partir de entonces yo sería un paria en la comunidad y me sentiría culpable el resto de mi vida.

Además, la noticia del desastre sin duda llegaría a Harvard, donde investigarían el asunto y resolverían que yo había aprobado no solo la subida al árbol propiamente dicha sino también el consumo previo de ganja. La universidad no querría seguir manteniendo relación alguna conmigo. Así que todo estaba en peligro. Al cabo de diez minutos gritaron desde el árbol con un lagarto verde colgando de una soga. Recé en silencio una oración de agradecimiento y les pregunté por qué narices habían fumado ganja antes de coger al lagarto. ¿Por qué no después? «Porque la ganja te abre los ojos», contestaron fuerte y claro. Quizá, pero desde luego me habían dado un susto de muerte.

Un día, mientras estaba yo examinando un lagarto, aparecieron Glenroy y dos de sus ayudantes, todos con los ojos brillantes, y preguntaron: «Rasta, ¿cuánto pagarías por ver a dos seres humanos copulando?». No pude menos que reír. Les había estado pagando salarios de adulto a tiempo completo en territorio ajeno (dos dólares americanos) por mostrarme dos lagartos copulando… ¡si me enseñaban dos seres humanos haciendo lo mismo, me saldría por un ojo de la cara, sin duda! Y la cópula era en mi zona de estudio, en una sastrería abandonada. ¡Podría iniciar un estudio paralelo sobre cópulas humanas! Pero rechacé la oferta… a pesar de que se prestaban a hacerlo gratis.

Glenroy ataca los verdaderos cimientos de la ciencia

Como supe en mi trabajo posterior, Glenroy no siempre capturaba lagartos cuando debía, es decir, en el emplazamiento de siete acres del estudio. Este problema no se planteó durante el primer año, y más adelante, en las primeras dos o tres semanas que estuvimos instalados allí, tampoco pasó nada. Abundaban los lagartos no capturados, por lo que no había necesidad de infringir las reglas. Por un lado, a medida que los cazábamos y pintábamos, quedaban cada vez menos sin marcar y por atrapar, pero, por otro, era mayor la necesidad de concentrarse en estos, pues cada incremento adicional en el porcentaje de lagartos capturados mejoraba la calidad de mis datos en todos los aspectos: estimaciones de supervivencia, crecimiento, éxito copulativo, etc. Por consiguiente, le subí el sueldo, si bien esto solo sirvió para volver más tentador traer lagartos de fuera.

Me parece que al principio Glenroy se limitaba a cazar inmediatamente fuera del área de estudio cada vez que yo tenía la atención puesta en algo, evaluando y marcando lagartos recién capturados. Cuando no había nada que absorbiera mi dedicación, nos desplazábamos en grupo. Sin embargo, a medida que fue pasando el tiempo, él fue especializándose en este engaño. Me enteré de que por la mañana temprano, camino del trabajo, a veces atrapaba dos o tres lagartos, normalmente machos grandes, bobos, fáciles de coger. Los guardaba en envases de zumo de cartón vacíos, los ocultaba en mi área de estudio, y por lo general iba al escondite cuando yo me hallaba en otra parte, y me «capturaba» un lagarto nuevo. De hecho, estaba cazando lagartos dentro de la zona, pero, ay, se trataba de lagartos importados.

Empecé a tener la vaga sospecha de que pasaba algo cuando a última hora, cuando yo solía estar ocupado marcando hembras, empezó a aparecer Glenroy con machos grandes sin marcar. En cualquier caso, no me di cuenta del todo hasta que una tarde me encontré con un macho a unos trescientos metros que iba en dirección al extremo opuesto del lugar donde recordaba vívidamente haberlo marcado por la mañana. Por un momento, tuve la disparatada idea de que existía una pequeña categoría de supermachos que se desplazaban, «como trotamundos que no acumulan musgo», fecundando a todas las hembras a lo largo del camino. Pero, no, no era algo tan fascinante. Este macho estaba intentando regresar a casa. Glenroy lo había capturado por la mañana temprano y lo había transportado a mi zona de estudio; y ahora el animal estaba moviéndose a toda prisa en la dirección contraria, esto es, hacia su casa.

Más adelante, como buen científico de pega, llevé a cabo un análisis de los datos para verificar si los patrones tendían a parecer distintos de antes, es decir, si la trampa de Glenroy estaba realmente modificando los resultados de una manera que se reflejara en los datos. Como los patrones no variaban en el conjunto de los estudios, dejé las cosas como estaban. En mi tesis, no hice referencia al problema.

El autoengaño casi nos lleva al precipicio

Glenroy y yo casi nos matamos en un viaje a las Blue Mountains con la idea de cazar al escurridizo «lagarto de agua», que solo es posible encontrar a unos mil doscientos metros por encima del nivel del mar. Y yo por poco mato además al conductor, así como a una mujer joven de Clarendom que se había apuntado a lo que pensaba que iba a ser una excursión divertida a la montaña. Sin embargo, por poco no lo cuenta.

El problema era que ella, que salía *conmigo*, había estado mostrando un interés excesivo por el joven conductor, un hombre de unos veintiséis años. Musculoso, de piel oscura, conducía el vehículo con habilidad, cada giro controlado por instinto, los anchos hombros oscilando de un lado a otro para dominar mejor el pequeño volante de nuestro gran Capri negro. De hecho, una disposición así se denominaba «coche músculo», pues hacía falta una fuerza muscular considerable para hacer girar el enorme coche con un volante tan pequeño. Desde el asiento trasero, mis ojos de cuarenta y tres años brillaban de celos mientras veían que la admiración de ella por el chófer aumentaba a medida que continuábamos ascendiendo gracias a su habilidad. Yo solo veía que la él ganaba puntos a ojos de ella, pero no la magnitud del peligro que suponía dar un paso en falso en las alturas que ya había alcanzado. Imaginé con ingenuidad que simplemente sustituyéndolo al volante se restablecería el *statu quo* inicial, deslumbrada ella de admiración mientras *mi* cuerpo controlaba ahora el Capri por el bien general. Como digo, presté escasa atención al hecho de que ese pequeño psicodrama no iba a representarse a ras del suelo sino a unos ochocientos metros por encima, con precipicios de cien metros que se revelaban momentáneamente a tu izquierda mientras forcejeabas para controlar un vehículo demasiado grande con un volante inusitadamente pequeño y, desde luego, que iba a una velocidad excesiva.

En cualquier caso, el conductor estaba ahora seguro en el asiento de atrás y yo al timón, cuando el coche se encontró con algo de grava en el borde de la carretera, lo que hizo que nos deslizáramos por un instante hacia el precipicio. O mejor dicho, «por un instante» habría sido si el anterior chófer hubiera tenido todavía el control, pues a buen seguro él habría dado un brusco volantazo para encarrilar de nuevo el vehículo. En cambio, mi respuesta, más débil y lenta, fue otra y pusimos rumbo al precipicio, a una caída tan profunda que no se veía el final. De hecho, lo único visible era un árbol a unos seis metros que acaso interrumpiera o ralentizara el descenso hacia una muerte segura. No obstante, una cresta arenosa en el mismo lado izquierdo de la carretera frenó el deslizamiento, trabando el chasis al tiempo que nos inclinábamos y quedábamos con tres ruedas al aire. La mujer gritó. Yo fui el primero en salir a duras penas y tuve que alargar el brazo para tirar de ella, pues el coche se ladeaba hacia su ventanilla; el conductor y Glenroy salieron por la de atrás. Estábamos todos bajo una fuerte impresión debido al tremendo susto pero también contentos por seguir vivos. Incluso tomamos un poco de ron blanco y arrojamos unas semillas de ganja por el borde en señal de humilde agradecimiento a un misericordioso Jehová aterrador.

En un abrir y cerrar de ojos, un camión lleno de soldados dobló la curva a toda velocidad, fue cuesta abajo, y veinte hombres saltaron y se quedaron atónitos al ver lo cerquísima que habíamos estado de la muerte. Diez o doce de ellos agarraron el coche a un tiempo y lo arrastraron hasta la carretera. Ni una rueda pinchada; y nosotros, ni un rasguño. Un hombre grandote y de aspecto saludable echó un vistazo por la ventanilla del conductor y dijo: «Ah, ya veo el problema. El volante es demasiado pequeño. Está claro, un coche así necesita un volante más grande». Dijo a los demás que se acercaran, y todos se mostraron de acuerdo. Sí, en efecto, admití yo, este volante es demasiado pequeño, maldita sea. No obstante, yo estaba centrado sobre todo en calmar mi malhumor con el ron restante, lo mejor para enfriar el caldeado cerebro –mucho más que el volante– que por poco nos mata a todos.

A mi entender, este pequeño olvido de que estás a ochocientos metros es una de las principales razones por las que tengo miedo de las alturas desde que era niño. No tener en cuenta el simple hecho de que te encuentras a más de dos metros por encima del suelo acaso tenga su encanto y hasta sea revolucionario en el plano de la teoría, pero en la vida real puede tener consecuencias fatales. No es de extrañar que cada vez que me veo obligado a subir a un árbol intente conscientemente paralizar cada uno de mis miembros por separado, para que así hagan falta cuatro actos independientes de olvido antes de desplomarme en el suelo. No creo que Ernst Mayr, el gran biólogo evolutivo, sea tan despistado como yo, pero desde luego lo que sí tiene es una gran capacidad de concentración, algo que tal vez ayude a explicar su propio terror a las alturas.

Glenroy atrapa un cocodrilo con las manos

En años posteriores vi a Glenroy, o Rammy, como lo llamaban, en Alligator Pond, la laguna de los Caimanes, donde vivía. Era un gran nadador y buceador. En una ocasión capturó a un cocodrilo pequeño –vivo, con las manos–, hazaña que dejó tan pasmada a la comunidad pesquera de Alligator Pond que durante todo el día recibió la visita de muchos curiosos, lo que para Rammy supuso unas ganancias de seiscientos dólares jamaicanos en concepto de comisiones por las fotos. Dos policías investigaron la captura sin molestar en ningún momento a Glenroy, pese a que cazar cocodrilos era ilegal. Lo más curioso es que tampoco molestaron al animal; al considerarlo una amenaza para los seres humanos, un cocodrilo capturado suele ser abatido a tiros de inmediato por la policía.

Los cocodrilos son peligrosos aunque sean pequeños. El de un metro (sin contar la cola) que cogió Glenroy podía haberle arrancado la mano o al menos haberlo dejado muy maltrecho. Los cocodrilos no solo tienen unas mandíbulas temibles, sino que la poderosa cola está bordeada en ambos lados por largas hileras de cuchillas afiladísimas de media pulgada. Tener una criatura así en brazos puede provocarte un montón de fastidiosas rajas de cuchilla de un par de centímetros entrecruzadas por la mayor parte del cuerpo.

Tal como contó Rammy, la captura se produjo así: a primera hora de la mañana, estaba dándose un baño en el río de los Caimanes (lo que los biólogos denominarían «cocodrilo» los jamaicanos lo conocen como «caimán»), y cuando salió a la superficie tras una zambullida advirtió, a la altura de los ojos y a unos veinte metros, al otro lado del río, a un cocodrilo dormido en su sitio favorito para tomar el sol, una rama de manglar medio metro por encima del agua. Glenroy estaba acostumbrado a ver cada mañana a primera hora, en ese mismo lugar, al animal disfrutando del sol para calentarse. Por lo general, el cocodrilo estaba alerta y, tan pronto divisaba a Rammy a una distancia de veinte metros, escapaba, se deslizaba en el agua y se alejaba. Pero esta vez el cocodrilo estaba dormido.

Glenroy no tardó ni dos segundos en decidir que atraparía al reptil con las manos. El hotel de la localidad tenía una oferta de compra permanente de cualquier cocodrilo vivo que recibieran. El anterior, un animal al que exhibían para atraer visitantes, había escapado hacía poco. Fue fantástico oír a Glenroy contar la historia, sobre todo la primera vez. Había trazado círculos en el agua y emergido a unos veinte metros de distancia, y empezado a avanzar sigilosamente entre los manglares que crecían en la tierra. Había recorrido los veinte metros enroscado, hecho un ovillo, toda su mente concentrada en el silencio, pues el enorme reptil era sensible a cualquier sonido poco habitual y reaccionaba con rapidez. Cuando Glenroy imitó el momento en que se había levantado ante el animal, sus hombros y brazos se abrieron, su boca emitió un espantoso gruñido de depredador y se le tensó todo el cuerpo, en especial el vientre. Ya junto al animal, Glenroy se inclinó, y sus dos brazos se extendieron como serpientes gemelas y agarraron la cabeza y la base de la cola del animal en un movimiento feroz.

Al despertar, el cocodrilo descubrió que lo habían despegado de su sitio. Una mano le rodeaba con fuerza la mandíbula, justo delante de los ojos. Una segunda mano (la derecha de Glenroy, más fuerte) le agarraba la base de la gruesa y poderosa cola. El reptil trataba de dar violentas sacudidas con el cuerpo, pero Glenroy respondía a cada giro con una réplica equivalente, todo el cuerpo rígido, los músculos del estómago en tensión. Concentrado en mantener el cocodrilo derecho, lo llevó hacia la playa.

¿Qué haces cuando un cocodrilo viene directamente hacia ti?

Alguien preguntó a Glenroy qué haría si un cocodrilo se dirigiese hacia él por la superficie del agua. Como cabe imaginar, todos nos inclinamos hacia delante para oír la respuesta. Al fin y al cabo, cualquiera de nosotros podría verse en una situación así, y el consejo de Glenroy prometía sustituir el pánico ciego por un plan sensato. El plan ideal resultó ser contraintuitivo, como suele pasar. Glenroy dijo que se situaría frente al cocodrilo, nadaría *hacia* él y después, en el último momento, se sumergiría. El problema del cocodrilo, explicaba Glenroy, es que tiene una columna vertebral muy rígida. En la cola alberga una fuerza tremenda, por lo que puede propulsarse con gran rapidez por la superficie o en una zambullida, pero su capacidad de maniobra es muy limitada y solo es capaz de girar unos cuantos grados de una vez. Por tanto, el animal no podría sumergirse detrás de ti y dar una voltereta para perseguirte al punto. Volverse de lado requeriría cierto tiempo, durante el cual se vería arrastrado en la dirección de su movimiento hacia delante, lo que te procuraría aún más tiempo para ponerte a salvo tras salir a la superficie.

¿Y si, mientras se acercaba, el cocodrilo se sumergía? Según Glenroy la mejor reacción dependía de lo lejos que estuviera el cocodrilo. Si fueran solo veinte metros, también tendrías que nadar hacia él, pero ahora deberías quedarte en la superficie y pasar por su lado *sin hacerle caso*. Aquí, Glenroy realizó una especie de movimientos natatorios enérgicos y vigorosos. Ya no había tiempo de esconderse del cocodrilo, sino solo de alejarse de tal manera que enfrascarse en una persecución supusiera para él una tarea peliaguda.

Pero por suerte el reptil casi nunca quiere hacer eso. De hecho, su limitada movilidad es lo que de entrada hace que sea tan desafortunado toparse con una de estas criaturas. Imagina que estás nadando río arriba y que un cocodrilo está desplazándose hacia ti a cierta velocidad. Su respuesta ante cualquier cosa

RAMMY Y YO. Glenroy a mi lado en la laguna de los Caimanes, cerca de su tienda.

que se interponga en su camino consiste en abrir la boca y seguir adelante. Quizá es capaz de sortear un objeto, pero aun así no quiere crear nuevos problemas de dirección en su ruta río abajo.

La cuestión, decía Glenroy, es que «¡estás cruzándote en su camino!». Entonces se apreció algo de enojo justificado en su voz, animándose por momentos mientras analizaba la vida desde el punto de vista del cocodrilo. En el río hay un tráfico natural que tú no estás respetando. Glenroy explicó que observaba detenidamente la dirección del movimiento de cualquier cocodrilo que se le acercara y se limitaba a nadar para aumentar la distancia a la que pasarían uno junto a otro. Explicó que, en algunos casos, un cocodrilo quizá siga un único recorrido hasta su agujero bajo el agua al tener descartados determinados accesos debido a su incapacidad para ejecutar giros repentinos. Cada cocodrilo tiene su propio agujero en el río, explicaba, y, por tu propia seguridad, te conviene saber dónde está.

Las historias de Rammy sobre cocodrilos me recordaban al legendario Phil Darlington, custodio de escarabajos del museo cuando yo era un estudiante de posgrado y experto en zoogeografía (una disciplina que estudia la distribución de las especies animales en el tiempo y el espacio). Le temíamos porque era un personaje alto, desgarbado, adusto y entrado en años que no estaba para bromas. Sin embargo, había un motivo por el que todos le queríamos. Sufría una acusada cojera en una pierna, consecuencia, según supimos, de la práctica de la biología evolutiva. Según contaba la historia, iba andando por un puente de cuerda que cruzaba un río de Indonesia cuando un cocodrilo saltó, le agarró la pierna y lo arrastró al agua. A un cocodrilo le gusta sumergirte, sacudirte y ahogarte. En su trayecto hacia abajo, al parecer Darlington se dijo para sus adentros con cólera justificada: «Un momento, ¡tú no nos capturas como especímenes, *nosotros* te capturamos a ti!». En cualquier caso, logró zafarse de su atacante y ponerse a salvo, pero le quedó una cojera con la que de paso se había ganado el afecto de todos.

Glenroy y yo hemos seguido siendo amigos. Lo visito de vez en cuando en su pequeña choza, situada donde el río de los Caimanes desemboca en el mar. Vende bebidas y, en temporada, pescado frito. Lo que atrae a los cocodrilos es el río, pues buscan hábitats de agua dulce donde criar. El otro día apareció por Southfield y se pasó el día buscándome lagartos verdes. Lo único que debía hacer era deambular por ahí o incluso quedarse inmóvil, y localizaba un lagarto tras otro, sobre todo hembras y machos pequeños inmaduros, que son más difíciles de ver. Jamás fue tan hábil en el engaño como en la detección, y quizá no es casualidad. De todos modos, hace años que esto no es un problema entre nosotros, no queda nada con lo que hacerme perder el tiempo. Pensamos hacer en breve una excursión a las Blue Mountains en busca del esquivo «lagarto de agua».

Acababa de escribir lo anterior cuando me enteré de que Rammy estaba ingresado en el hospital de Mandeville tras haber sido atacado a las cuatro de la mañana camino de su casa, cuando regresaba de un velatorio. Su agresor era un hombre que afirmaba que Glenroy le había estado robando leña. Ramsey estuvo tendido media hora en la carretera después de la agresión, antes de que unos transeúntes lo auxiliaran. No tenía ningún hueso roto, pero sí numerosos desgarros que requirieron puntos de sutura; está a la espera de una operación en la que intentarán salvarle el ojo izquierdo.

En mi vida he visto envejecer a muchos ladrones y mentirosos, y no envejecen bien. Rammy es un ejemplo. Acabó haciendo cosas muy malas y negando casi descaradamente su evidencia. No estaba robando la leña del hombre que le agredió para sí mismo. No, estaba robando la madera de la nasa, una madera resistente y especial, usada para aguantar largos períodos en el mar y tallada de una forma característica, valiosa y cara. Y Rammy la intentó robar solo para quemarla como leña. Así es como terminó un mentiroso y ladrón empedernido, robando el sustento de otra persona para encender el fuego en casa. Yo no lo habría hecho picadillo, pero sí habría intentado dejarlo lisiado.

Como conocía solo su versión y me enteré del ataque estando fuera, envié modestas cantidades de dinero para contribuir a cos-

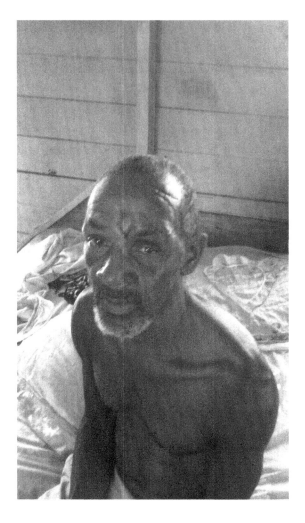

RAMMY DESPUÉS DE LA AGRESIÓN. Rammy recuperándose tras un ataque con machete. (Foto cortesía de Dayemeon Edwards.)

tear los gastos médicos inmediatos, y también le di dinero más adelante en respuesta a sus peticiones de colirio y medicamentos una vez estuve de nuevo en la isla. Fue después cuando me enteré de que se lo había gastado todo en alcohol: ahora era un alcohólico empedernido, de nuevo un peligroso autoengaño, sobre todo si estás tratando de recuperarte de una agresión funesta derivada de tu propia conducta escandalosa. Rammy murió en el hospital de

Mandeville al cabo de un día de haber sido de nuevo ingresado, a las tres de la mañana del 20 de abril de 2016, demacrado, con un intenso dolor, sin salvación posible.

9

Los asesinatos más frecuentes y repugnantes en Jamaica

Hace unos cuarenta años, solía decirse que, en Jamaica, si querías matar a alguien, tenías que llevarlo a Southfield, pues en Southfield nunca se ha condenado a nadie por asesinato. No estoy seguro de si sigue siendo cierto, pero tampoco sé de ningún contraejemplo. Y sí me constan muchos asesinatos cometidos en Southfield o sus inmediaciones que no recibieron castigo oficial alguno. Mi mejor amigo fue asesinado allí. También otro buen amigo comerciante. A mí casi me matan en un robo a mano armada en mi casa y también en un altercado en un bar. Así es de corriente el asesinato (o el intento de asesinato) en Jamaica solo en el ámbito local.

Los asesinatos no son sucesos evolutivos banales, desde luego. Al menos hay una persona muerta y otra responsable. Debe de existir una lógica evolutiva más profunda que explique por qué el asesinato está tan extendido en una sociedad determinada, pero no me atrevo a aventurar nada aparte del simple razonamiento de que la prueba se descompone con más rapidez en los trópicos que en las zonas de clima templado. En el trópico, un cadáver, por ejemplo –menos los huesos y la dentadura–, se descompondrá de la noche a la mañana, mientras que en el Ártico permanecerá intacto durante meses, años, incluso siglos.

El enlace

En otro tiempo, un asesinato típico podía producirse del modo siguiente. Alguien está junto a tu ventana a las dos y media de la mañana. La tía Elsie está sufriendo convulsiones, ¿puedes llevarla al hospital? Te vistes, sales a la calle y te matan a tiros al punto. El hombre clave es el de la ventana. Es siempre alguien que te conoce. Los asesinos son una banda de Kingston, dedicada al robo (su salario en la empresa) o a actividades remuneradas como asesinos a sueldo. Se marchan enseguida de la comunidad, por lo que solo se dispone del enlace local. No se sabe nada del grupo de Kingston. Corren los rumores, pero al final se disipan.

Tiempo atrás (hace treinta o cuarenta años), el transporte a Kingston se realizaba mediante minibuses con una capacidad máxima de veinte personas sentadas, un chófer y un ayudante. El ayudante abría la puerta lateral, cobraba y ayudaba a meter a todos los pasajeros que era humanamente posible. Era el hombre peligroso del autobús, pues podía muy bien actuar como enlace clave. Coges tu habitual minibús en el Southfield rural a las 6.40 h de la mañana con la idea de llegar a Kingston, tras varias paradas, hacia las 8.30 h. En May Pen, suben dos ladrones, uno de ellos con un arma. Proceden a robar a todo el mundo y cuando llegan a ti empiezan a chillar como si no colaboraras, te meten dos balas y terminan el robo a toda prisa. La historia se cuenta como una chapuza de atraco con el resultado de la muerte innecesaria de uno de los pasajeros. Pero en realidad se trata de un asesinato, y la clave es el ayudante, pues constituye el vínculo entre la víctima y la banda. Cuando los ladrones suben al vehículo, señala con disimulo a la víctima, a la que ellos liquidan antes de concluir el robo sin más dilación y largarse. ¿Quién narices lo sabía? ¿Quién narices lo dijo?

Otro ejemplo del mismo tipo: en una ocasión, un enlace hizo venir a una banda de Kingston para que robara a un cambista de Southfield, porque se sospechaba que tenía en casa una gran suma de dinero lista para ser convertida en la moneda adecuada (de jamaicana a norteamericana). El enlace era a la vez la clave y un beneficiario directo, pero, en el último momento, el padre del cambista se dio cuenta de lo que pasaba y bloqueó la puerta con el pie. El enlace disparó al instante, con lo que logró entrar, pero al precio de matar al viejo. El cambista se escabulló por la puerta de atrás llevándose el dinero, si es que en relidad tenía algo. Todo el mundo estaba al corriente de estos hechos, también la policía. Otro asesinato jamaicano sin resolver.

Un asesinato muy duro

En la comunidad, Joe era un forastero que había llegado seis años atrás desde la parroquia vecina de Westmoreland. Había cortejado a la señora SP, con la que se había casado y tenido dos hijos. Trabajaba de mozo en el hospital de Black River. Era muy querido… guapo, simpático, tranquilo y discreto. Congeniaba con todo el mundo. Yo casi no lo conocía, pero una noche, en el bar de Celestine, dijo que quería hablar conmigo en privado, quizá en otro bar. Me propuso que tomásemos algo juntos. Él ya estaba bebiendo un vaso grande de ron, pero yo apenas bebía, pues entonces era un hombre ganja estricto. Como no quería beber en un bar, le invité a mi biblioteca, que estaba en proceso de desmantelamiento para poder llevármela conmigo a Panamá, donde pasaría el año próximo y adonde volaría en cuestión de días.

Se presentó al día siguiente y, desgraciadamente, no me acuerdo mucho de lo que quería comentarme. Cuando nos sentamos, sé que yo estaba muy atareado con la biblioteca. Él insinuó ciertos problemas en su vida, y yo tuve la impresión de que quería contármelos porque los dos éramos forasteros, casados en la zona pero no nacidos ahí. No especificó cuáles eran sus preocupaciones y, para mi vergüenza, jamás le presioné para que me revelara lo que le inquietaba.

Digo «para mi vergüenza» porque dos semanas después Joe yacía muerto; encontraron su cadáver en un campo, un recipiente de veneno cerca y su boca oliendo a ese veneno. Al parecer se había suicidado bebiéndoselo. Supe todo eso por mi mujer, que seguía en Southfield y me llamó para darme la noticia. Cuando regresé, me enteré de otros detalles. Parecía que alguien había tendido el cuerpo en la hierba donde había sido encontrado. No se apreciaban señales de forcejeo, de convulsiones, ni de que él se hubiera movido –ninguna brizna doblada, rota o cortada–. Nada. Esto era aún más sorprendente, pues el veneno no era de esos de acción rápida que provocan la muerte enseguida, sino más bien de los de efecto lento que requieren más o menos una hora para matar a la víctima, tiempo más que suficiente para moverte de un lado a otro y revolcarte. Tampoco se advirtió ningún traumatismo en la cabeza ni en el tronco.

Resulta que había tenido una pelea con su esposa, que había llamado a su hermano, que a su vez había llamado a un amigo, un conocido punk que se las daba de verdadero «hombre malo» jamaicano. Por lo visto, agredieron a Joe en su casa, lo dejaron inconsciente y lo estrangularon, y dispusieron el escenario de la muerte de tal modo que pareciera que se había suicidado con veneno. Estoy seguro de que la policía no llegó a verificar si en el cuerpo de Joe había alguna cantidad apreciable de sustancia tóxica.

¡Cuánto lamenté aquella repulsiva muerte! Seguramente no habría podido hacer mucho, puesto que yo no era más que un extranjero, pero si hubiera conocido el motivo de su miedo, desde luego habría podido hablar claramente con su querida esposa y avisarla de lo que haría yo si ella seguía adelante con sus planes de hacer daño a Joe.

Por lo que sé, la policía no era tan estúpida para pasar por alto un montaje tan evidente. Los asesinos tenían un cuñado que tenía una empresa cercana de reparación de coches grandes y que al parecer dijo haber «comprado el caso». Esto es habitual en Jamaica. «En Jamaica no hay justicia» es una expresión corriente, y comprar, o sobornar, es en buena medida la explicación. Es posible comprar cualquier caso. El precio dependerá tanto de la gravedad del crimen como de los contactos políticos que uno pueda tener.

Asesinatos políticos

En Jamaica, los asesinatos políticos son tan frecuentes que forman parte de la vida cotidiana. Adoptan diversas modalidades, y las ejecuciones en cumplimiento del deber se cuentan entre los más comunes. Hace cuarenta años, se decía que cada noche se entregaba a la policía de Kingston dos «picos» de hierba y una navaja de carraca (parecida a una navaja automática) para endilgárselos a alguien a quien hubieran decidido matar a tiros. Como entonces la condena por llevar encima un «pico» era de dieciocho meses en régimen de trabajos forzados en la cárcel, era más o menos creíble que cualquier desgraciado se enfrentara a los agentes de la policía, aunque fuera armado con una simple navaja automática, para evitar los dieciocho meses de infierno en la cárcel a los que sería condenado sin motivo.

He aquí un asesinato policial reciente. El 7 de julio de 2012, en un periódico local apareció una conmovedora foto de un hombre llorando por su hijo de diecisiete años, muerto en un «tiroteo» con la policía. El hijo y otros tres jóvenes veinteañeros cayeron abatidos durante una operación policial en la zona. Como de costumbre, la policía dice que los hombres dispararon primero mientras intentaban escapar, y que solo se trataba de detener a hombres en busca y captura. Según los vecinos, los tres chicos regresaban en coche de una sala de baile y los policías los esperaban con intención de tenderles una emboscada. El de diecisiete años fue liquidado a tiros en su propia casa después de que los perseguidores echaran la puerta abajo. Según la policía, un agente fue tiroteado, lo cual parece improbable, toda vez que no se ha sabido nada más de él ni de la muerte de los jóvenes.

Veamos este otro ejemplo; a ver si alguien me lo explica. Una mujer de cuarenta y tantos años regresa a casa después de acudir a un *nigh, nigh* («buenas noches», algo parecido a un velatorio). Son alrededor de las doce y media. Entra en su patio, rodeado por una valla de zinc. De pronto, una patrulla policial que está llevando a cabo «operaciones» en la zona, dispara cincuenta y dos balas a través de la valla y mata a la mujer. Según la policía, hubo un tiroteo, pero la grabación puso de manifiesto solo señales de entrada en el zinc, y ningún vecino respaldó la versión de los agentes. Hubo protestas, naturalmente, y visitas de mandamases, pero no se hizo ni se hará absolutamente nada. En marzo de 2014, hubo veintisiete asesinatos como este solo en Kingston. En 2013, la policía mató a doscientos cincuenta y ocho ciudadanos jamaicanos.

Algunas muertes policiales son asesinatos premeditados. Es un secreto a voces que, dentro de la policía, hay escuadrones de la muerte que funcionan independientemente de qué partido político gobierne. A veces se alega que son benignos: los casos de conocidos violadores y asesinos que el sistema «judicial» es incapaz de condenar se abordan de manera «extrajudicial». Un método habitual consiste en levantar a un hombre de la cama en calzoncillos a las tres de la madrugada en West Kingston y llevarlo a Rollington Town, en East Kingston, matarlo a tiros y dejarlo al borde de la carretera. En los periódicos se dirá que, a las seis de la mañana, en Rollington Town, se encontró el cadáver acribillado a balazos de un hombre desconocido en calzoncillos después de que los vecinos oyeran fuertes ruidos a primera hora. ¿Era realmente un violador o un asesino? ¿Era alguien por cuya muerte la policía ha cobrado previamente? ¿Era quizá del partido equivocado y estaba en el lugar equivocado, a saber, su cama? ¿O era solo alguien con el que un policía quería ajustar cuentas personales? ¿Quién narices lo sabía? ¿Quién narices lo dijo? Sea como sea, muerto y bien muerto.

El caso más célebre de asesinato extrajudicial fue la «Masacre de Green Bay», un ejemplo de «justicia socialista» tan incompetente que de hecho fue aclarado casi de inmediato, lo que atrajo la suficiente atención pública para que se abriera una investigación; de modo que ahora conocemos la mayor parte de la historia, si bien es negada con rotundidad por los afiliados al partido culpable.

La masacre de Green Bay

Este famoso asesinato tuvo lugar el 5 de enero de 1978. Una docena de seguidores del Partido Laborista Jamaicano, entonces en la oposición, cayeron en una trampa tendida por la Unidad de Inteligencia Militar de las Fuerzas de Defensa, encargadas de las «operaciones encubiertas». La Unidad de Inteligencia Militar tenía la misión de tomar «todas las medidas razonables» para eliminar a cualquier persona que constituyera una amenaza para la seguridad nacional o el normal funcionamiento del gobierno. Es decir, la orden recibida era aplicar una política explícita de asesinato justificado por la «amenaza».

Todos los jóvenes eran de un barrio muy laborista de Kingston, Southside, y pertenecían a una banda denominada «POW Posse [pandilla de los Prisioneros de Guerra]», que al parecer estaba estrechamente relacionada con el partido de la oposición. En la pandilla había los lógicos infiltrados, y se identificó a catorce individuos que debían ser eliminados. Se ofreció a todos trabajo y armas y se les invitó a lo que era un campo de tiro del ejército en Green Bay, Saint Catherine. Una vez allí congregados, sonó un disparo de pistola. Era la señal para que los soldados de alrededor soltaran una descarga de disparos sobre los confiados muchachos. Debido a la típica incompetencia socialista, solo mataron a cinco. Los demás pudieron huir al monte. En un río cercano, uno fue rescatado por unos pescadores. Así nos enteramos de lo que era la justicia socialista. Según los socialistas, se trataba de una operación moralmente justificada, pues al aceptar armas y otras cosas gratis, los jóvenes habían revelado su clara inclinación contrarrevolucionaria.

A propósito, Huey Newton se burló abiertamente de esa operación, por considerar que no tenía nada que ver con la verdadera justicia socialista. A su entender, el problema era que los chicos no habían hecho nada malo; estaban preparados para recibir las herramientas de su trabajo, pero se habían limitado a aceptar ese regalo.

Huey me explicó cómo era la justicia socialista cuando se administraba como es debido. Una noche, una militante del Partido de los Panteras Negras, que vivía en un apartamento situado en la primera planta de un edificio del partido, fue violada por un vecino joven y fuerte, que se había colado por una ventana. En el partido, la violación se castigaba con pena de muerte, tanto si el culpable pertenecía a la organización como si no. Huey llevó enseguida a la mujer a otro alojamiento, donde recibiría el correo mientras él organizaba la cosa de tal forma que en el apartamento vacío se recibiera correo a otro nombre. Después, al cabo de seis semanas, ella volvió a su antigua vivienda: persianas arriba, todo en orden. Como era de esperar, esa noche el violador volvió a colarse por la ventana, solo que esta vez había otro miembro del partido esperando provisto de un arma. El otro recibió un disparo nada más entrar: había sido juzgado, condenado y ejecutado en un solo acto.

Sobre la matanza de Green Bay hubo muchas investigaciones. No se encontró a nadie culpable de nada. Ni siquiera se acusó a nadie. Un jurado dictaminó que los soldados eran inocentes porque habían disparado en defensa propia por miedo a que sus desarmadas dianas les disparasen primero. Cuando tienes malas cartas, es casi imposible decir algo con sentido.

«¡Llegó mi hora!»

Conocí a Nikkie cuando era un chaval del barrio. De vez en cuando cazaba lagartos para mí, aunque empezamos a tratarnos por tener conocidos comunes. Era inteligente, simpático y fuerte de veras. Cuando contaba diecisiete años, trabajó tres meses para mí en la construcción de mi casa de Southfield. Era el segundo más joven y el más fuerte de un grupo de doce hombres. Cuando él y el segundo hombre más fuerte empujaron una enorme roca cuesta arriba para formar una esquina de los cimientos de la casa, Nikkie gruñó realmente como un perro al dar el arreón final, y todos nos reímos con ganas. Una vez, Nikkie sacó una enorme piedra del suelo calizo y la empujó hacia arriba con tal habilidad que la gente decía «¡tenemos un tractascensor, tenemos un tractascensor!», es decir, un tractor y un ascensor fundidos en uno solo.

Sin embargo, veinte años después, Nikkie estuvo a punto de perder la vida cuando se vio implicado en cierto plan de asesinato cuyo significado, a día de hoy, sigue sin estar claro. En el verano de 2012, Nikkie vivía en Mandeville, donde trabajaba como vigilante de la propiedad de una mujer acaudalada. La mujer era de las Bermudas, pero estaba casada con un jamaicano. Nikkie había ido al aeropuerto a recoger a su patrona, de visita en Jamaica durante seis semanas, y para la labor de taxista había contratado a su amigo más íntimo, un hombre a quien conocía desde la infancia.

Tras llegar a la casa, Nikkie llevó adentro algunas de las bolsas de su jefa y al volver para coger el resto, aparecieron dos pistoleros. Uno apuntaba con su arma a la cabeza del conductor del taxi, y el otro con la suya a la de Nikkie. Parecía el típico robo jamaicano. No es raro que aparezcan hombres armados cuando vuelves del aeropuerto y se presume que llevas encima dinero, joyas u otros objetos de valor.

Nikkie y su amigo fueron conducidos a la habitación de la patrona, donde esta se hallaba de pie con sus pertenencias frente a la cama. Los asaltantes ordenaron a Nikkie y su amigo que se tendieran en el suelo boca abajo y acto seguido ejecutaron a la mujer mediante dos disparos en la espalda. Ahora estaba claro que aquello no era un robo, sino un asesinato llevado a cabo de tal modo que pareciera un robo. Un montaje idóneo: si prevés la llegada de una víctima con la suficiente precisión, puedes hacer que el asesinato parezca formar parte del atraco.

El asesino pasó por el lado de Nikkie y disparó a la cabeza de su amigo taxista. «Mata al otro», ordenó a su amigo, y se fue. Como usaba un revólver calibre 38 de cañón corto, tenía solo cinco balas y probablemente guardaba la última para su seguridad personal.

Cuando Nikkie oyó la orden, se dijo para sus adentros «llegó mi hora, estoy muerto, muerto», pero el hombre tenía una 9 mm que se encasquilló. Nikkie oyó un primer chasquido. Al oír el segundo, se dijo «no ha llegado mi hora», y dio un salto y golpeó al hombre en la parte baja del cuello tan fuerte que este giró sobre sí mismo y soltó el arma. Nikkie la cogió y la meneó de un lado a otro para desatascarla y a continuación disparó sobre el hombre cuando ya había emprendido la huida. De hecho, vació el cargador en una desenfrenada exhibición de tiros, disparando las nueve balas sin dar ni una vez en el blanco. Más adelante tuve que decirle esto: «¿No habría sido mejor reservarte un par de balas para protegerte?». Pero él estaba asustadísimo y quería ahuyentar a los atacantes. En un asesinato, hay que eliminar a todos los testigos.

Nikkie despertó a un vecino que era médico. El médico llamó a la policía, y Nikkie llamó al marido jamaicano de la mujer ejecutada. Nikkie no percibió ninguna reacción de horror ni aflicción, sino más bien algo como «¿En serio? ¿Muerta? ¿De veras?». En cualquier caso, la policía jamaicana enseguida detuvo a Nikkie, al que mantuvieron preso durante dos semanas, pues si había sobrevivido a la matanza, quizá era porque había estado involucrado en la operación, tal vez era el enlace clave. Durante las dieciocho horas de interrogatorio, en ningún momento le preguntaron por la reacción del marido ante la mala noticia. Llegados a este punto, reivindicó su derecho a la asistencia letrada, y lo encerraron en una celda llena de asesinos reales y supuestos, que a menudo se pasaban la noche entera hablando de algún asesinato que habían cometido (o que afirmaban haber cometido). Más adelante le pregunté si habían llegado a agredirle, y dijo que no pero que había tenido que «enseñar músculo» un par de veces. Durante el encierro no comió nada, y asegura que tampoco durmió, aunque desde luego algo dormiría –quizá de manera intermitente, cautelosa, esporádica–, pero desde luego durmió y seguramente soñó. No se detuvo a nadie por el crimen.

La noche en que murió Peter Tosh

Conocí solo a uno de los legendarios Wailers: Peter Tosh. En 1975, en Harvard, me fumé un porro con él. Sucedió así. Yo era profesor adjunto de biología, y acompañado de mi bella esposa jamaicana estuve en su concierto en el Sanders Theater de Harvard durante su gira «Legalize It». Eso pasó cuando éramos tan ingenuos como para pensar que la legalización estaba a la vuelta de la esquina. Peter, siempre transgresor, inició la gira estadounidense lanzando porros de marihuana al público hasta que la policía le dijo que, desde el punto de vista técnico, eso todavía no era legal. A partir de entonces, adquirió la costumbre de comenzar sus conciertos lanzando solo papel de liar. De pronto se apagaban las luces, y aparecían mil puntos de luz.

Iba yo tan engañado que pensé que, en su visita a Cambridge, Peter Tosh no llevaría hierba encima, así que lie un «porro trompeta» gigante para hacerle un regalo. En el intermedio, me acerqué a un tramoyista y le di el canuto para Peter. El tramoyista llamó a Peter y le dijo: «Ese hombre te trae esto». Entonces Peter me miró y dijo, «bueno, pues vamos a encenderlo», y entonces formamos el círculo rasta y nos pasamos el cigarrillo por el lado del corazón (mano izquierda). Me fumé un porro con el segundo artista reggae con más talento del mundo, superado solo por el legendario Bob Marley.

No volví a ver a Peter. Sin embargo, resultó que me encontraba en Kingston el 17 de octubre de 1988, el día que fue asesinado. Al acabar mi jornada de trabajo con los lagartos en el campo fui a buscar a un amigo, estudiante de medicina de la Universidad de las Indias Occidentales, que conocía algunos clubes de East Kingston que quería enseñarme. No se trataba de *night clubs* sino bares de clientes habituales, frecuentados por personas de ambos sexos. Tenía muchas ganas de verlo. Habíamos quedado en su apartamento del campus a las nueve menos cuarto de la noche.

Fui a mi hotel y me tumbé en la cama para echar mi preceptiva siesta de una hora diaria, pero sin darme cuenta en vez de una fueron tres. Esto era antes del uso de los móviles en Jamaica. Cuando llegué al patio de mi amigo, él ya se había ido. Lo primero que oí fue a su madre saliendo a toda prisa: «¿Sabes que han matado a Peter? ¿Sabes que han matado a Peter Tosh?». «¿Pero qué estás diciendo? ¿Peter Tosh?» Me explicó que lo acababan de decir en la radio. Por el amor de Dios, pensé, menuda noche. He perdido la ocasión de visitar un montón de clubes nuevos con un amigo de confianza, y el inmortal Peter Tosh, mi compañero porreta (o mi *I-dren*, mi hermano espiritual) de la época de Harvard, ha muerto en la cercana Barbicon. Aquello consumió de golpe mis ganas de fiesta.

Me refugié en el *night club* más próximo; mi suegra los llamaba «clubes de maldad», lugares donde chicas jóvenes sin demasiada ropa bailaban en el escenario y a veces hacían algún numerito adicional en la parte de atrás. Al entrar, me detuve a hablar con Jerkers, el hombre que se ganaba la vida asando pollos (*jerk*) en una parrilla fabricada con bidones de petróleo partidos por la mitad. Éramos viejos amigos porque yo me fumaba con él la poca hierba que tenía. Llegaba, miraba a las chicas bailar un poco, quizá me tomaba una o dos copas, y luego salía otra vez a la puerta, a fumar y a charlar con él.

Estábamos lamentando la muerte de nuestro querido Peter cuando se produjo un acontecimiento de lo más extraordinario. Llegó una larga y elegante limusina, de la que salieron seis hombres de piel oscura y semblante serio, todos de esmoquin. ¡Rasta George, es la Mafia!, me dije. Pero entonces advertí que los dos hombres que salían de la parte trasera llevaban cada uno un fusil ametrallador con el que apuntaban al suelo. ¡Rasta, la Mafia está *dentro* de la policía! (pues los criminales normales no llevan las armas a la vista de todos). ¿Por qué demonios iban a llegar unos policías emperifollados a nuestro humilde club en vez de dar una batida en Kingston en busca de los asesinos del artista rasta vivo más importante?

«¿Sabes quiénes son?», pregunté a Jerkers. «Ese es el dueño del club, un temible agente que se llama 'T' a sí mismo, y los demás son policías», contestó. Los hombres entraron en el club. Yo esperé unos prudentes cinco minutos y los seguí. No se veía a nadie. Pregunté a la camarera si había visto a seis hombres de esmoquin. Si, los había visto. ¿Y dónde habían ido? Por la puerta de atrás, dijo señalando la que había a su espalda. ¿Puedo entrar ahí?, pregunté. Sí, si paga cinco dólares americanos. Pagué y entré en un gran patio que no sabía ni que existía y vi que los hombres estaban repartidos por el complejo habitacional de las chicas, una estructura de madera de dos plantas en la que cada mujer tenía su propio cuarto, separado de cualquier otro espacio reservado para transacciones comerciales. Como en aquella época yo era relativamente intrépido, me acerqué a ver qué pasaba.

T estaba de pie en lo alto de las escaleras, con un moderado «barrigón». La mayoría de los agentes estaban sentados. Algunos tenían a una chica desnuda o semidesnuda en el regazo y uno estaba jugueteando distraídamente con la suya. Observé la escena durante unos instantes y acto seguido me reuní en el exterior con mi amigo Jerkers. Lo que había visto me parecía extraordinario. ¿Por qué no iban esos agentes a Kingston a buscar a los asesinos? ¿Por qué estaban, en cambio, en un *night club*, actuando ante todo el mundo como hombres que habían salido de trabajar y querían pasar un buen rato, como si estuvieran cobrando una especie de paga extra? ¿Por qué la gran diferencia entre su atuendo de lujo y el entorno de baja estofa? En principio, matar a tres personas a tiros y hacer pedazos la mandíbula de una mujer (parte de los daños ocasionados en la casa de Peter) no es precisamente un excitante sexual, y de hecho aquellos hombres no parecían estar sexualmente muy animados. Daba la sensación de que venían de un trabajo serio y que necesitaban algo de diversión. Pero quién soy yo para hablar, claro, un simple espectador curioso. Un grupo de hombres decididos, vestidos de esmoquin, iban a pasar de largo, pero deciden cruzar la verja y hacer una simple visita social, amistosa, de clase alta.

Peter mantenía con la policía una relación larga y hostil. A menudo había sido detenido a menudo, y en una ocasión casi lo matan a porrazos por un delito insignificante. Despotricaba de la policía, hablando y cantando sobre ella con un estilo mordaz: Kingston era «*kill-some*» [mata a algunos], no había precisamente cariño. Él era también el último Wailer que aún actuaba, y su música sonaba cada vez más rítmica y sutil y sus palabras más cáusticas; se trataba del creador del nuevo compás post-Marley que amenazaría el «*dead-left*» de Bob [lo que queda a la muerte], como llaman en Jamaica a la herencia. Más adelante oí una cinta de sus últimos temas, nuevos y potentes, que no llegó a salir a la venta.

No cabía esperar que la policía estuviera entre sus principales seguidores, desde luego, y los delitos internos tienen ventajas intrínsecas con respecto a los externos. ¿Desde cuándo la policía se investiga a sí misma? En mi país casi nunca lo hace, y cuanto más dinero hay sobre la mesa, más improbable es que eso ocurra. Pero ¿cuál era realmente la ventaja de matarlo?

Cuando al día siguiente fui al campo, en todos los bares oí a gente gritar «lo hizo Rita, lo hizo Rita». Estaba pasmado. Decían que Rita, la viuda de Bob Marley, era quien más salía ganando con la muerte de Peter. No tengo ni idea de si esto es verdad, pero la isla entera tenía esta teoría que podía escucharse en cualquier parte. En cualquier caso, lo que sí sabemos es que Rita es ahora

PETER TOSH. En 1974, durante la gira «Legalize It».

una milmillonaria que vive en Ghana. Marley, como Elvis Presley, es mucho más valioso muerto que vivo, en parte porque, como en el caso de Elvis, no hubo nadie que le hiciera sombra.

De todas maneras, no sé nada de esto ni tampoco me cabe en la cabeza que la herencia sea un motivo para asesinar ni para que los policías actúen como verdugos. Solo sé lo que vi aquella noche. Y en mi cerebro suena la canción de Bob Marley: «Por qué matan a nuestros profetas y nos quedamos a un lado mirando. Dicen que es parte del juego, pero nosotros hemos de cumplir los mandamientos».

El hombre que pagó el pato

Alguien tenía que ser el cabeza de turco del crimen, así que detuvieron y acusaron a un personaje secundario relacionado con Peter, Dennis Lobban, que acababa de cumplir una pena de dos años por posesión de cocaína. Era bajito, delgado, y tenía un rostro muy asimétrico que transmitía cierto peligro. Por lo visto, había cumplido los dos años de condena en nombre de Peter, el verdadero culpable del crimen. También se decía que Peter no había atendido a la familia de Dennis mientras este estaba en la cárcel, una transgresión grave, y que luego tampoco había ayudado a Dennis tras ser puesto en libertad –otra infracción–. Sin embargo, nada de todo eso era cierto.

Según su propia gente, que vivía en un patio de East Kingston, Peter no había tocado jamás la cocaína. Los dos años correspondían al delito cometido por aquel hombre. Pero Peter era un hombre duro. Cuando el hombre salió de prisión y pidió dinero a Peter, este se lo dio. Sin embargo, cuando Lobban volvió una segunda y una tercera vez, Peter señaló un vehículo ahí aparcado y dijo: «¿Ves ese vehículo? Lávalo. Luego te doy dinero». Al parecer, el otro se sintió ofendido. Ahora bien, eso no era razón para cometer un crimen así. Y por otro lado Lobban no habría podido entrar de noche en la casa de Peter en Barbicon, pues allí no era bienvenido y Peter no aguantaba de buen grado a los idiotas. Esto último era algo bien conocido; Chris Blackwell, el productor blanco de los Wailers, siempre había querido caerle bien a Peter, pero Peter, que solía llamarlo «Chris Whiteworse» [Blackwell, «Negrobueno»; Whiteworse, «Blancopeor»], nunca hizo buenas migas con él. Peter Tosh no era de los que dejaría entrar en su casa a Dennis Lobban por la noche.

Lo que sea

Casi cada día se producen asesinatos, muchos de los cuales son horribles. Un sastre que lleva treinta años trabajando en un taller de un barrio humilde de Kingston, a precios sin duda moderados, es asesinado a tiros una mañana por dos pistoleros sin que se sepa el motivo. Su hijo de veintiocho años, que acaba de llegar, se lanza hacia su padre y suplica a gritos que no esté muerto. Desde luego no era de esos padres que habrían abandonado a su hijo al nacer como hacen muchos en la isla. O veamos el caso de alguien de apenas diecisiete años que se va de casa en busca de una residencia con wifi cinco puertas más abajo: asesinado junto a una mujer de veintiún años por razones totalmente desconocidas. Parecía el típico obseso de la informática de su edad. Y su madre está tan afligida como asustada: mostrar demasiado dolor solo la volvería más vulnerable a ser la víctima de la próxima ejecución.

¿Cómo se ha llegado a este absurdo? ¿Cómo es que una isla famosa por procurar seguridad y magníficas experiencias turísticas a millones de personas cada año ha llegado a ser (fuera de esas zonas de privilegio) un lugar tan peligroso para su propia gente? Como he dicho en otra parte, los trópicos son propicios para el asesinato, y los dos partidos políticos han adoptado una mentalidad «de gueto», consistente en organizar los distritos políticos como si fueran distritos criminales donde se hace respetar la ley a punta de pistola. Pero hay algo más. El negocio de la ganja, llevado a cabo al principio mediante numerosas avionetas que aterrizaban en pistas construidas a toda prisa, pensó que sería práctico tanto para el comprador como para el vendedor intercambiar armas por ganja: menos costes para quien compra hierba, más beneficio para el que la vende. Y últimamente Estados Unidos ha comenzado a dar «dinero sucio» a la Fuerza Aérea Jamaicana para que les autorice a erradicar la ganja localizando cultivos desde el aire. Entretanto, el intercambio de ganja por armas continúa a través de Haití, solo que ahora los barcos tienen muchas posibilidades de remontar ríos grandes como el Black River, donde las transacciones se llevan a cabo sin que se entere la policía.

Así pues, cabría decir que el elevado índice de criminalidad de Jamaica es solo un efecto más de la política general y destructiva de Estados Unidos, que se basa en resolver sus problemas domésticos con las drogas atacando a otros países. México, Guatemala, Honduras, el Salvador... todos sufren gravemente las consecuencias del problema de Estados Unidos con la cocaína. ¿No viola esto la supuesta lógica intrínseca del sistema económico estadounidense, a saber, que la demanda genera lógicamente la oferta?

Por lo tanto, el problema de los ataques de Estados Unidos a sus vecinos es que insisten en castigar a otros por su mala conducta, consistente en suministrar versiones de gran calidad precisamente de las drogas que demandan los estadounidenses. Si Estados Unidos tiene un problema con las drogas, debe abordar ese problema en su raíz, es decir, los consumidores. El capitalismo nos enseña que abordar la demanda produce mejores resultados que abordar la oferta.

No obstante, la cuestión oculta de la política de Estados Unidos con respecto a las drogas estriba en atacar a los países circundantes y aplicar en ellos políticas destructivas, por ejemplo, envenenar o abrasar las hojas de coca aunque los habitantes de la zona mantengan una gran cantidad de interacciones saludables con ellas. ¿Por qué? ¿Qué beneficio económico saca Estados Unidos del hecho de que Perú, Bolivia y todos los demás países produzcan plantas que son ilegales en Norteamérica pese a las enormes ganas de consumirlas? Es innegable que esto va a generar violencia. Cuando se ilegalizan actividades que tienen enormes efectos económicos, todos los contratos en el seno de la industria, tanto en las empresas grandes como en las pequeñas, se firman en última instancia con un arma de por medio, pues no hay tribunales que valgan. A su vez, la presión política incrementa el grado de violencia, pues se tolera que la policía utilice cierta violencia ilegal, lo que a su vez genera una reacción en contra y más violencia. Un humilde sastre cae muerto en su taller, un adolescente que quiere tener acceso al wifi es asesinado antes de conectarse a la red. Son estremecedores ejemplos cotidianos de esta tragedia delirante.

10
Un holandés inquietante intenta robarme a punta de cuchillo

Era la primavera de 1985, a primera hora de la mañana en Ámsterdam. Mi matrimonio se había ido a pique hacía poco, y yo me encontraba inmerso en un frenesí solitario y maníaco. No recuerdo en qué andaba liado a primera hora de la noche, quizá en alguna danza africana, pero sé que no estaba borracho. Iba buscando una mujer en el famoso barrio rojo de Ámsterdam, donde las mujeres se muestran descaradamente disponibles tras las ventanas, pese a que, en realidad, no estaba en condiciones de consumar una relación. Por razones que no alcanzo a recordar, me sentía agresivo, sin muchas ganas de que nadie se tomara demasiadas confianzas conmigo, incluso con el ánimo de desafiar a alguien si intentara robarme. Llevaba encima el libro de MJD White *Animal Cytology and Evolution,* con el que de algún modo sentía que mi rectitud estaba fuera de toda sospecha. Era un científico que paseaba por la calle llevando a cabo una investigación. Tenía plena conciencia del comportamiento de los demás, sobre todo en lo concerniente a mi seguridad. Por colocado que fuera, no imaginé ni por un instante que era aquel un entorno seguro, por lo que permanecía alerta ante cualquier posible peligro. El relato que el lector está a punto de leer fue redactado poco después del episodio propiamente dicho, por lo que refleja con gran precisión mi modo de pensar y mi conducta en aquel momento.

Tras echar un vistazo al tercer y último club en el que exigían pagar una entrada desorbitadamente cara, hice que un reluciente Mercedes me dejara en un parte casi desierta del barrio rojo. Eran más o menos las tres de la mañana. No había ni un alma en la calle, ningún local abierto a la vista. En la oscuridad, el omnipresente canal esperaba la llegada de algún fenotipo. Pregunté ingenuamente si ese sector de la ciudad era peligroso. «No», dijo el gordo y satisfecho ciudadano, «en absoluto». Pero él tenía ya tres de las cuatro puertas del coche con el seguro puesto y cerró inmediatamente la cuarta tras salir yo. Lo vi alejarse majestuoso en su coche, a una velocidad considerable, por una calle despejada sin tráfico en ninguna dirección. A mí sí me parece peligroso, pensé, y eché a andar en busca de la ventana iluminada más cercana.

Pronto me encontré con algunas ventanas donde mujeres parcialmente desvestidas adoptaban posturas provocativas, y me detuve un momento frente a una para admirar lo que parecía ser una joven indonesia acurrucada como un gato, ondulando lentamente en torno a sus bien escondidos tesoros. Decidí entrar y ver qué pasaba. Subí un corto tramo de escaleras y giré a la izquierda, hacia el iluminado cubículo, preguntándome cuál sería el estado mental de las personas que estuvieran ocupando las habitaciones traseras. Pero, sin pensar en demorarme mucho, la miré y me quedé consternado al ver que, al haberme acercado, ahora ella escondía más sus tesoros. No es que esperase yo un festín visual completo –la mujer seguía en el escaparate, y no se había hablado de dinero, menos aún pagado nada–, pero su cambio de actitud resultó desasosegante. Ocultar más el tesoro a medida que la distancia se acorta es un advertencia: quizá el tesoro propiamente dicho está dañado, es un signo de menos, no de más. Por dentro, ya me había dado la vuelta; por fuera, me quedé más o menos igual. Intercambiamos algunos cumplidos, y en respuesta a mis preguntas ella me aseguró que en las habitaciones conectadas con la suya no había nadie más. No me creí nada y me despedí.

Hace su aparición el holandés inquietante

Mientras salía del establecimiento, un holandés alto y horrible surgió de las sombras y me ofreció sus servicios. No recuerdo la conversación inicial, pero creo que yo andaba preguntando con tono fuerte y áspero: «¿Quién tiene a todas las mujeres de la ciudad encerradas?», o algo por el estilo. Entonces, mi inquietante amigo me preguntó cuál era el problema. Que nadie me mostraba el tipo de club o de mujeres que yo quería, contesté. Él me ayudaría, y juntos echamos a andar.

Aunque desde el principio supuse que su intención era robarme, juré mantener la mente abierta. Me parecía harto improbable que él me llevara a la clase de club o me presentara al tipo de mujeres que yo prefería cuando tantos amsterdameses habían fracasado en el intento. Como los otros –taxistas, propietarios de clubes, camareros– habían sacado partido de mi desgracia, di por sentado que mi nuevo amigo tenía el mismo propósito.

Decidí que era mejor permanecer en zonas más o menos bien iluminadas. Sin embargo, tras rodear una manzana entera, acabamos tomando una larga y oscura calle con un canal discurriendo por mi izquierda y él a mi derecha. Mi amigo tendría entre 28 y 30 años, era varios centímetros más alto que yo, tenía un cuerpo desgarbado y de aspecto tosco y llevaba puesto un grueso abrigo, todo ello rematado por una cara larga y fea, quizá con cicatrices y desde luego asimétrica. Detecto enseguida a las personas amenazantes, y, en esta situación, su apariencia repulsiva me sirvió de advertencia. En efecto, dije para mis adentros, es más repugnante incluso que yo y, por tanto, tiene más motivos que yo para estar enfadado con el mundo, así que cuidado.

La fealdad es de lo más injusto. Suele comenzar en fases tempranas de la vida, es muy resistente al cambio y presenta numerosas ramificaciones lamentables, sobre todo en lo que respecta a la vida social y la elección de pareja. Aun así, la lógica evolutiva está clara. Cualquier daño en el fenotipo, en especial al principio, requiere una explicación. La simetría y la belleza son rasgos feno-típicos deseados, y sabemos que la imposibilidad de alcanzarlas da a entender, por un lado, estrés en el desarrollo y, por otro, in-capacidad genética para compensar dicho estrés. Triste consuelo para los feos.

Con el holandés al mando, nos dirigimos a un club que él afir-maba conocer, abierto a esa hora, con un precio justo para entrar y mujeres dentro. Enseguida tuve la inequívoca sensación de que estaba a punto de robarme, valiéndose de la fuerza física si era preciso. Creo que se tambaleó repentinamente hacia mí mientras permanecía quizá medio paso a mi espalda, de modo que corría yo peligro de ser agarrado desde atrás por un hombre más fuerte y desagradable, que tal vez me cogería del cuello y me tiraría al canal. Yo me tambaleé más o menos a su ritmo, es decir, lejos de él y hacia el canal, para que no pudiera efectuar el movimiento que pretendía si efectivamente pretendía robarme.

Entonces me situé uno o dos pasos tras él mientras seguía charlando afablemente y hacía preparativos para una posible agresión inminente. Me quité la bufanda de alrededor del cuello y me desabroché la americana de debajo del abrigo. Las pren-das gruesas y las bufandas, aparte de dificultar los movimientos, contribuyen enseguida al acaloramiento, entrecortan la respira-ción y pueden resultar fatídicas. Aproximadamente a mitad de manzana dijo que teníamos que volvernos y caminar en direc-ción contraria. Creo que se debía a que había visto a una o dos personas delante de nosotros. Mi respuesta fue descaradamente mordaz: «¿Qué pasa? ¿Es que el club ha cambiado de sitio en los últimos cinco minutos?». Como fingió no entenderme, seguí en la misma línea: «¿No decías que el club estaba por ahí? ¿Por qué vamos ahora al revés?». Para justificar su cambio de opinión, el hombre farfulló algo a todas luces poco convincente: no sé qué sobre haber caído en la cuenta de que se había equivocado, pues ahora recordaba que *ese* club ahora estaría cerrado y que mejor ir a otro.

En cualquier caso, recuerdo claramente la sensación de que el momento culminante de nuestra relación –de toda la noche, en realidad– estaba a la vuelta de la esquina. Nos quedamos callados y continuamos nuestro paseo de regreso, todavía junto al canal. Yo no tenía intención alguna de liarme en una pelea larga. Dada mi edad, lo poco en forma que estaba, mi presunta falta de experiencia en esta clase de encontronazos o la hora tardía, cualquier enfrentamiento físico prolongado le favorecería inevitablemente a él. Si se producía la pelea, tenía que intentar que acabara con rapidez. Si ello conllevaba su muerte, algo posible en principio, pocos sentimientos de culpa, si acaso alguno, pesarían en mi conciencia. Si él ponía mi vida en peligro por algo banal, yo pondría en peligro la suya por algo real.

Si quieres inmovilizar a alguien de manera rápida y efectiva, has de tener un plan, has de dominar un movimiento que, bien ejecutado, te lleve al final que deseas. Yo tenía en la cabeza un movimiento así: agarrarle la garganta al hombre con habilidad, rodearle la tráquea con el pulgar derecho y otros dos dedos y apretar con fuerza. El efecto, al parecer –según me había contado Huey Newton–, era interrumpir el suministro de aire y al mismo tiempo causar un dolor incapacitante. Al cabo de veinte segundos, el rival renunciaba a toda resistencia y transcurridos cuarenta, dejaba de vivir si ese era tu objetivo. Como Huey me lo había enseñado apenas unas cuantas veces y me había invitado a probarlo con él, no tenía ninguna garantía de que fuera a salir bien. En todo caso, lo que quiero subrayar es mi intención: matar al hombre si hacía falta. Conocía un movimiento eficaz adaptado a mis numerosas desventajas. Tenía plena confianza en mí mismo y me sentía moralmente superior.

Esto no era una discusión en una fiesta, donde uno puede escoger entre enfriar los ánimos o marcharse. Yo no podía escapar de él, como tampoco podía sacar de pronto la cartera, darle cuarenta florines y aquí no ha pasado nada. En uno y otro caso, él me habría agarrado *a mí* por el cuello, amenazándome con un cuchillo, y me habría exigido el reloj, las joyas, la cartera y cualquier cosa de valor que llevara encima. No era difícil que el resentimiento o la simple comodidad le hicieran dejarme desangrándome en el suelo o matarme en el acto.

Como era de esperar, no tardó mucho en abalanzarse sobre mí. Me volví para hacerle frente, a unos tres o cuatro metros de espaldas al canal. Empezó a golpearme en el pecho, diciendo, aparentemente enojado –desde luego a voz en cuello y deprisa, las palabras atropellándose– que yo no podía ofender a los holandeses como había estado haciendo. Yo era un extranjero, un estadounidense. No tenía derecho ni motivo alguno para difamar a su gente en su propia ciudad.

Advertí con sorpresa que, al pegarme en el pecho, estaba usando la mano *izquierda*. En esta situación, casi todo el mundo usaría la derecha, por ser esta (salvo para los zurdos) el órgano natural de ataque. Así pues o bien era zurdo, o bien pasaba otra cosa. En todo caso, me afirmé físicamente en el suelo y lancé un contraataque verbal, respuesta fácil por estar muy familiarizado con esta clase de discusión. Tan pronto salió de mi boca una frase con tono fuerte, él sacó al punto un cuchillo, que empuñaba con la mano derecha, naturalmente, lo cual explicaba el ataque previo con la izquierda.

El movimiento en sí mismo se produjo en un abrir y cerrar de ojos, y allí estaba él –a poco más de medio metro, como mucho–, sosteniendo el cuchillo rígidamente con la mano derecha, apuntándome directamente y con el puño más o menos delante de donde debería tener el ombligo. El conjunto de su acción me recordó la exhibición de un pene de primate. En esta maniobra, un simio o un mono (pongamos, un babuino) muestra su erección hacia otro individuo. Lo que acaba viendo el observador es una brillante y delgada varilla rosa que se mantiene más o menos erguida. De un modo parecido, el cuchillo de mi amigo holandés aparecía más como ostentación que como amenaza inmediata. Había efectuado la acción correctamente, se había agachado, se había girado ligeramente a la derecha, y había sostenido el cuchillo bajo para arremeter inmediatamente contra mis partes vitales. Así pues, ahora el arma solo estaba siendo exhibida, y para llevar a cabo el trabajo aún harían falta dos movimientos: retroceder y clavar.

Los penes de los monos y simios suelen ser sorprendentemente delgados y de aspecto endeble en comparación con el órgano humano. De modo similar, el cuchillo de mi amigo parecía frágil para llevar a cabo su propósito. Sobre este asunto hay que ser prudente, pues el ojo y el cerebro pueden jugar maravillosas malas pasadas en lo concerniente al tamaño, si bien yo tuve la clara impresión de que el cuchillo era algo más sólido que un pequeño cuchillo de cocina, pero no se acercaba ni mucho menos a un puñal. La solidez de un cuchillo es muy importante: un rápido vistazo me convenció de que no era lo bastante fuerte para la ocasión. Hacía un frío invernal. Yo llevaba puestas dos prendas de abrigo. Como su hoja debía atravesar las dos, era muy improbable que pudiera herirme de gravedad con una sola estocada, y también era probable que, tras dos o tres pinchazos, el cuchillo se rompiera.

En cambio, recuerdo muy bien la aparición letal y el efecto inmediatamente aterrador de los dos grandes cuchillos de carnicero que una noche sostenían ante mi garganta cuatro jóvenes panameños caribeños interesados en mi cartera. Dos de ellos me agarraron , uno por cada lado, mientras los otros dos mostraban sus imponentes armas; uno de los que me sujetaban me avisó de que oponer resistencia sería inútil. Lo importante de esos cuchillos de carnicero era que, con solo echar un vistazo, veías que podían clavarte cada uno cuarenta veces al azar desde distintos ángulos y, si el propietario limpiaba luego la sangre, podía sentarse y usarlo después como mesa de cocina. Huelga decir que esta clase de impresión física es intimidante de veras.

Pero el cuchillo de aquel repulsivo holandés no era así, por lo que le pregunté enojado: «¿Qué significa esto?». Como respuesta, él volvió a apuntarme y me tanteó la parte derecha del pecho con su índice izquierdo mientras me gritaba con considerable enfado que le diera mi dinero al instante. Me preparé mentalmente para un pinchazo en la parte inferior izquierda del abdomen. Externamente hice tres cosas a la vez: con la mano derecha me deshice de MJD White, con la izquierda intenté propinarle un fuerte gancho, y además me puse a gritar con una voz muy aguda, indignada, que compensara la suya.

No gritaba para pedir ayuda. Ni siquiera pensaba en ese momento en otras personas. Si los habitantes de Ámsterdam se parecían a los neoyorquinos, el sonido de mis gritos solo haría que echasen dos o tres pestillos más en su puerta y subieran el volumen del televisor para así ahogar mejor mi sufrimiento. Yo chillaba para dominarle, para reivindicar una superioridad moral que afianzara más mi resistencia.

Como de costumbre, mi gancho de izquierda llegó un poco tarde, de modo que, cuando le alcancé, su cabeza ya se retiraba. No sé si se quedó a cuatro patas por el golpe o simplemente se apartó al punto y resbaló. En cualquier caso, mientras yo continuaba gritando, lo vi volverse y caer al suelo en un aterrizaje perfecto, y a continuación –para mi sorpresa– levantarse y marcharse a toda velocidad en la dirección por la que habíamos venido. A poco más un metro, resbaló un poco en los adoquines pero siguió moviéndose con gran rapidez. Tras haber interpuesto unos cinco metros entre los dos, ralentizó el paso, que ya fue solo rápido, y mientras permaneció en mi campo visual, lo mantuvo así.

Mientras el tipo corría, me permití el placer de gritarle: «¿Quién coño te crees que eres? ¡Ningún punk de Ámsterdam va a quitarme nada esta noche! ¡Soy un hombre libre! ¡Hijo de puta!». Toda clase de estupideces prepotentes. Mientras seguía con mis aullidos, me maravillé de cómo él había decidido poner cada vez más distancia entre los dos.

Me desconcertó que no se metiera por el primer callejón que encontrara o cruzara la calle. Al menos, con una maniobra así habría sido más difícil que los posibles testigos relacionaran mi ruido con su huida. En efecto, yo estaba «marcando» a mi enemigo. Es decir, mientras él continuaba superando una manzana tras otra en la dirección en la que yo gritaba, los ojos y oídos de cualquiera que pasara por allí podían reconstruir parte de la historia. En Jamaica, las mujeres marcan de manera muy consciente a los hombres que abusan físicamente de ellas: les dejan en la cara un rastro de arañazos que duran días, semanas o incluso años si los cortes son realmente diestros, lo cual ofrece algún detalle de la relación desde el punto de vista de la mujer. Recorrí varias manzanas hasta encontrar un taxi estacionado, di al conductor mi dirección y terminé mi periplo a eso de las cinco de la mañana.

Cuando desperté al cabo de unas horas, advertí que mi reloj se había parado a las cuatro y cuarto; el cristal había desaparecido y la correa estaba rota. Mientras analizaba el asunto con atención, aprecié que me dolía la zona de la mano donde llevaba el reloj los nudillos. Le había atizado, después de todo. Fue solo al reparar en esto cuando sentí –por primera vez en todo aquel episodio– un verdadero sobresalto. Temblé ligeramente y noté que se me doblaban las rodillas. Se trata de un curioso hecho de la fisiología y la psicología que he apuntado antes en este libro: la prueba física real de un encuentro peligroso provoca más miedo que el encuentro propiamente dicho. Quizá por la mañana estaba impaciente por convencerme de que todo aquello había tenido menos complicaciones de lo que parecía, de que había habido menos combate real, menos peligro. Con independencia de la razón, volví a sentir una flojera que no me abandonó hasta al cabo de varias horas.

Un revés de la fortuna a la noche siguiente

La noche siguiente volví a salir. Esta vez me pasé todo el tiempo tomando copas en un club, sobre todo con un holandés de origen marroquí, que tenía la mitad de mis años y mi estatura, un hombre cordial que parecía disfrutar con mis historias sobre la noche anterior. Miramos fotografías de mis maravillosos hijos y pusimos de manifiesto nuestra aversión hacia la cultura holandesa y su sentimiento de superioridad. Todo iba como la seda.

Cuando ya era casi de día y me disponía a regresar a casa, mi nuevo colega pidió a un amigo suyo que nos acompañase. Al cabo de varias manzanas, el amigo se volvió de repente e hizo un movimiento hacia mí. Yo retrocedí para evitarle, pero no me puse en guardia. Una o dos manzanas después, calculó mejor la acción: se colocó delante y me tiró rápidamente al suelo de un cabezazo. Mientras estaba ahí tendido, me quitó la cartera, de la que sacó unos tres florines, todo lo que quedaba de una noche de copas. Le reclamé la cartera y le grité a mi compañero que me devolviera a mis hijos (es decir, sus fotos) y que le perseguiría por toda Ámsterdam hasta recuperarlos. Chasqueó los dedos para que su amigo le diera la cartera, y con un hábil movimiento me la tiró directamente a las manos.

Cada uno se fue por su lado. No se había perdido nada salvo la autoestima.

11
El asesinato de James «Be-be» Bent

El 18 de febrero de 1988 fui a Jamaica con la idea de estar una semana dedicado a asuntos relacionados con mi trabajo científico sobre la malaria en los lagartos. Me interesaba ante todo reparar mi vehículo de investigación, ocuparme de algunos asuntos familiares y, por supuesto, al mismo tiempo pasármelo bien. El 19 de febrero era mi cumpleaños, y el viaje estaba planeado como una sorpresa tanto para los amigos como para los enemigos. Solo mi novia de Kingston y dos o tres amigos estaban al tanto de mi llegada. Por primera vez en mi vida, no lo sabía nadie de Southfield. No obstante, allí estaba fraguándose para mí la gran sorpresa. Menos de dos días después, a primera hora de la mañana del 21 de febrero, mi mejor amigo en Jamaica yacía muerto, con el corazón atravesado por un cuchillo que le hincaron en el lado izquierdo del pecho con tal fuerza que se había roto el mango, dejando dentro la hoja. James «Be-be» fue asesinado antes de que hubiera tenido oportunidad de verlo.

Be-be era un campesino conocido sobre todo por dirigir una plantación de ganja casi las veinticuatro horas del día. Es decir, podías ir a su casa, una anticuada estructura de piedra con tejado de paja y barro seco, y encontrártelo, por lo general acompañado, consumiendo ganja o cuando menos preparándola para su consumo. Si querías tu propio porro, no había problema, pero lo más habitual era fumar en una pipa compartida por varios. Esto pasaba en la década de los setenta, cuando Jamaica estaba gobernada por los socialistas. Estos habían despenalizado la ganja pero habían provocado en el país unos estragos económicos tan devastadores que requerirían tratamiento con la mismísima hierba. Solo al cabo de los años pensé que el hecho de llevar una plantación de ganja habría creado inevitablemente en sus vecinos ciertos sentimientos negativos debido al tráfico que suscitaba.

En cualquier caso, por alguna razón le cogí cariño al hombre. Era muy tranquilo, afectuoso y cordial, un espíritu bondadoso. Mucha gente le contaba sus problemas personales, en especial los fumadores jóvenes. Las personas a las que había aconsejado acerca de un problema solían hablar después de un aligeramiento tanto de la carga como del ambiente. Sin embargo, no toleraba la negligencia. No permitía a los malhechores fumar su pipa ni incorporarse a la plantación. Los desafiaba directamente diciendo: «No quiero a ladrones ni maleantes en mi patio». Podía permitirse este estilo en parte porque era muy fuerte y habilidoso; nadie tenía tentaciones de medirse con él.

Al principio di las gracias por estar en Southfield cuando fue asesinado, para poder llorar su muerte junto a otros amigos. Habría sido mucho peor enterarme a cuatro mil kilómetros, en California, y no poder compartir el trauma directamente ni saber gran cosa sobre las verdaderas circunstancias de la muerte. Sin embargo, fue el conocimiento de esos detalles lo que pronto comenzó a preocuparme. De hecho, me provocaron tal desasosiego que acabé «investigando» el crimen durante diez días, durmiendo entre dos y cuatro horas por la noche, fumando continuamente ganja y polarizando tanto a la comunidad que al final de mi estancia algunos hombres llevaban un arma encima por si me veían, con lo que tuve que refugiarme en casa de mi abogado. A estas alturas yo ya había participado en varias peleas, en Southfield y en otras partes, incluida una en un club nocturno de Kingston que acabó con un picahielos hincado casi completamente en mi mano izquierda.

Las repercusiones de la muerte de Be-be no se limitaron a mi estancia en Jamaica. En el espacio de un mes estaba yo enfrentándome a veinte alemanes pseudohomicidas en un bar de Seewiesen, Alemania, y una semana después, un médico alemán se inclinaba sobre mí para inyectarme una jeringuilla llena de tranquilizantes mientras me sujetaban varios camilleros en un hospital de Göttigen. Manifesté que ningún médico «nazi» iba a inyectarme nada, que Alemania era todavía un país ocupado. De hecho, la inyección que pretendía ponerme me habría dejado en coma una semana, acaso un mes. Enseguida estuve hablando con un marine de Estados Unidos que quería saber cuál era el problema. Expliqué la amenaza de la sobredosis, y al rato me soltaron; más adelante pasé diez días en un hospital mental de Hamburgo y luego otros diez en uno de Kingston. Pero me estoy adelantando a lo que quería explicar

«¡Be-be está muerto!»

El 18 de febrero llegué a Jamaica en mi visita de cumpleaños, y enseguida estuve deleitándome en reuniones con personas a las que no veía desde hacía tiempo y que no habían previsto mi regreso. La noche del día 20, pasé una velada especialmente agradable y me acosté alrededor de las cinco menos cuarto. Por eso me sorprendió oír, poco después de las siete, a mi suegra gritar que me levantara. Como sabía que la señorita Nini nunca me despertaría a esa hora por un asunto sin importancia, salté de la cama al punto. Así me enteré de la muerte de Be-be.

«¿Pero qué dices?», dije. «¿Cómo sabes que está muerto?»

«El cadáver bajó hace un rato por Black River, y ahora la gente viene del patio de la muerte.» Mientras hablaba, señalaba a grupos de personas en la carretera, que se movían en un estado casi hipnótico. Al verlos, me puse a chillar.

«¿Muerto? Oh, Dios mío. ¿Quién lo ha matado?»

«Gladys.»

Gladys era la novia de Be-be. No eran famosos precisamente por tener una relación muy armoniosa, pero Be-be tenía tal habilidad física que habría podido quitarle un machete sin que nadie resultara lastimado. De hecho, en el pasado había tenido que hacerlo a menudo. Me parecía muy improbable que Gladys lo hubiera matado.

Enseguida partí hacia el patio de Be-be. Jamás olvidaré mi sorpresa al llegar y ver no la tristeza general y la calma fúnebre que cabía esperar, sino una escena de irritación, una especie de altercado, personas gritando aquí y allá, incluso dándose empujones, enzarzadas en una riña. Lo insólito era el calibre de la disputa: habría unos treinta o cuarenta individuos implicados, repartidos en dos bandos enfrentados. Me pareció una trifulca entre dos tropas de monos o dos grupos matrilineales en una tropa numerosa, que sin duda estaba organizada conforme a linajes similares de parentesco y relaciones filiales. Pero ¿por qué ahora, apenas tres horas después de que Be-be hubiera sido asesinado? ¿Y por qué aquí, en el patio del fallecido? Di por supuesto que la pelea tenía que ver con el propio asesinato.

Sin embargo, en realidad tenía que ver con cabras. El hijo de diez años de Gladys había aparecido en el patio de Be-be y empezado a apartar tres cabras de Gladys del reducido rebaño de Be-be con la intención de devolverlas al patio de su madre. Lo de asegurarse de que las cabras de la asesina estuvieran separadas de las de la víctima menos de tres horas después del asesinato parecía, en sí mismo, un tanto extraño. Todavía sorprendía más el hecho de que cuando Junior, hijo de Be-be, había intervenido para impedirlo, un joven llamado Donald se había puesto del lado del hijo de Gladys, había agarrado a Junior y lo había amenazado con una piedra. Alucinante. El padre, recién asesinado; su hijo, víctima de un ataque homicida; y los vecinos, divididos en dos facciones antagónicas, al parecer debido al reparto de las cabras. Eso empezaba

PLANTACIÓN DE GANJA DE BE-BE. Él está fumando; yo, mirando
hacia arriba.

a parecerse cada vez menos a un homicidio corriente y más a una
especie de matanza en una guerra entre bandas locales, o incluso
al exterminio de una línea de parentesco en competencia, padre
e hijo por igual. Me dije que sería mejor andarme con cuidado,
aunque esa reflexión no pasó de ser un buen propósito.

Donald

Además de las treinta o cuarenta personas del patio de Be-be,
había otras veinte o treinta concentradas en el patio de la madre
de Donald, frente a la casa. Al entrar y dirigirme al grupo, levan-
té ambas manos y dije: «Paz, paz, vengo en son de paz; señorita
Dee, ¿puedo pasar?». «Sí», contestó la señorita Dee, la madre de

Donald. En la galería, un joven de unos diecisiete años estaba tumbado con aire despreocupado, casi diría insolente. Al acercarme, se movió y se identificó como Donald. Mediría algo más de uno setenta y se veía musculoso, parecía en buena forma. «¿Por qué has atacado al hijo de un hombre que acababa de morir?», le pregunté.

Donald saltó del porche y me dijo que me largara del patio. Le dije que no era su patio sino el de la señorita Dee, y si ella me daba permiso para quedarme, me quedaría. Me volví hacia ella y la pregunté si me autorizaba a quedarme y me respondió que sí. Entonces Donald dijo que él también vivía allí y me ordenaba que me fuera. No recuerdo la secuencia exacta de las palabras que siguieron, pero Donald y yo acabamos enseguida cara a cara, a pocos centímetros uno de otro, observados con atención por toda la gente que había en el patio y al borde de la carretera. Volví a preguntarle por qué había agredido al hijo de un hombre recién fallecido y, tras unos cuantos rodeos, dijo que había visto al hijo de Gladys separar tres cabras cuando Junior lo agarró con fuerza, y entonces él, Donald, intervino para proteger al niño de diez años, momento en el que Junior cogió una piedra y Donald siguió su ejemplo.

Volví al patio de Be-be y pregunté a Junior, y este dijo que la versión de Donald no era del todo exacta. Él, Junior, no había tocado al hijo de Gladys sino que había agarrado la cuerda de arrastre para impedir que le quitasen las cabras. Esto había provocado la furiosa embestida de Donald, que había sujetado con las manos a Junior. En respuesta a la reacción defensiva de Junior, Donald había cogido una piedra, y Junior, a su vez, otra en defensa propia.

Habían acabado de asesinar a mi mejor amigo, su hijo había sido amenazado con una piedra en la cabeza, y al parecer la mitad de los vecinos lo justifican. Yo ya no podía hacer nada por Be-be, pero por su hijo sí, desde luego. Se apreciaba cierta hostilidad colectiva hacia Be-be y su familia, y me propuse averiguar la causa.

El patio de la muerte

El patio de la muerte tenía en sí mismo algo de irreal. Ya habían llevado el cadáver de Be-be a Black River, y no se veían masas de sangre coagulada donde supuestamente había estado el cuerpo ni en ningún otro sitio. Sin embargo, yo había escuchado descripciones muy vívidas de su sangre borboteando por la herida en el lugar donde lo habían encontrado. Alguien había limpiado la escena del crimen, sin duda. No solo se habían llevado enseguida el cadáver, lo cual desde luego tiene sentido, sino que además alguien se había tomado la molestia de eliminar cualquier rastro de sangre de donde esta hubiera dejado mancha tras fluir en abundancia.

Por los años pasados en Jamaica, yo conocía bien este fenómeno. Una buena amiga de mi edad, Celestine, tenía un bar y una tienda de ultramarinos. Cuando yo estaba en la isla, nos veíamos cada semana en la tienda. Una noche fue asesinada. Estaba trabajando en su negocio cuando apareció el hombre que le alquilaba la máquina de discos. Se decía que habían estado enrollados. Esa noche, él había acudido para recoger su dinero. La última vez que alguien la vio viva, estaba sentada de lado en el regazo del hombre, dentro de la furgoneta aparcada frente a la tienda. Cuando él arrancó con ella todavía sentada encima, Celestine soltó con tono burlón: «¿Qué vas a hacer ahora, un 'te mato y me mato'?». Y eso fue precisamente lo que hizo: golpearle en la cabeza con una cachiporra y acto seguido arrojar el cuerpo desde la furgoneta en movimiento para que pareciera un accidente. Lo que no se sabe aún es por qué se suicidó él –una pelea de amantes, una discusión sobre el alquiler de la máquina de discos, maldad desenfrenada–; lo único que se sabía era que ese hombre había estado involucrado antes en otros asesinatos.

Llegué a la escena del asesinato de Celestine al cabo de diez minutos, pero el cuerpo muerto (tal como otros lo habían descrito) ya había sido retirado y llevado al hospital. Poco después nos enteramos de que el asesino había lanzado el vehículo por un terraplén tras haber tirado a la carretera el cuerpo de mi amiga para que pareciera un accidente, y enseguida estuvo rodeado por una muchedumbre, que se congregó apenas a una docena de metros del lugar donde había arrojado el cadáver. Estuve allí y vi a los integrantes de la multitud, incluido yo, exigiendo la muerte del hombre con insistencia. Quizá sobrevivió solo porque intervino un pariente de Celestine en su defensa, acaso esperando una recompensa posterior. La persona que había cogido el cuerpo de Celestine y lo llevaba al hospital de Black River a toda prisa estaba también ayudando al asesino.

Mi encuentro con Gladys antes del asesinato de Be-be

En Southfield solo hay un bar, Conny's, donde Little Man apuñaló a Jasper (véase capítulo 4). Unas doce horas antes de la muerte de Be-be, a eso de las tres de la tarde del 20 de febrero, me tropecé allí con Gladys. Por lo general, si Gladys y yo nos encontrábamos en Conny's, acabábamos liados en un juego de seducción teatral; era una diversión del todo inofensiva pues, de hecho, ninguno tenía interés en el otro y los dos éramos, al menos en teoría, amigos de Be-be. Sin embargo, esta vez, cuando me acerqué, Gladys se contuvo.

A continuación, advertí que, de pie junto a ella, al otro lado, había un hombre alto y flaco que se comportaba como si no tuviera nada que ver con Gladys, sin dejar, eso sí, de prestar mucha atención a lo que hacíamos ella y yo. Continué intentando bromear con el acostumbrado estilo chabacano, pero Gladys seguía resistiéndose. Así que, por probar algo nuevo, extendí el brazo hacia el hombre delgado diciendo que nadie iba a interponerse entre yo y «mi Gladys». Pero no hubo nada, ni sonrisas, ni complicidades. Solo dos personas serias que a todas luces estaban relacionadas pero fingían no estarlo. De lo más curioso.

Más adelante me enteraría de que había venido de Kingston un hombre alto y delgado, un navajero habilidoso, con el encargo de matar a Be-be. ¿Era el hombre que había al lado de Gladys en el bar la razón por la que ella se reprimió en nuestro habitual numerito de seducción? ¿Cómo saberlo? Pero llegué a creer que sí, y, si estaba en lo cierto, se trataba de una prueba más de que había sido un asesinato minuciosamente planeado, financiado por otros, no la típica pelea entre amantes que acaba fatal.

Relato de Gladys

A continuación explicaré la versión de la muerte de Be-be que Gladys quería que se diera por buena: aquella noche, ella y Be-be habían armado un alboroto tremendo en la casa, todo había quedado hecho pedazos, las ventanas rotas y los muebles patas arriba. Be-be la había golpeado con un rastrillo, y Gladys se había defendido hincándole un cuchillo en el costado con tanto ímpetu que le atravesó el corazón, con lo que cayó muerto en el acto. La policía le había preguntado cómo es que había clavado el cuchillo con tanta fuerza que se había roto el mango, y ella había contestado: «Lo hice en un arrebato, le clavé el cuchillo en un arranque, agente, y nunca sé lo fuerte que me van a dar estas cosas».

La herida mortal se había producido supuestamente no dentro de la casa sino en una pequeña cuesta que había a unos veinte metros. Después, ella había arrastrado el cadáver hasta la calle, quizá con la idea de conseguir que, a las cuatro y media de la mañana, algún coche transportara a su moribundo novio al hospital de Black River. El hecho de que la morgue de Black River estuviera situada en los terrenos del hospital resultaba muy oportuno en cualquier caso. Gladys había dejado el cuerpo cerca de un depósito de agua vacío y había ido en busca de ayuda. Fue junto a ese depósito donde lo encontraron.

El hombre que lo encontró tendido boca abajo exactamente en ese sitio, justo enfrente de su propiedad, le dio la vuelta a Be-be, una de cuyas manos se dirigió a la herida. «¡Aaah!», dijo, y nada más, mientras le manaba sangre del costado y de la boca. Su expresión era la misma que de costumbre. Nada de terror ni intenso dolor, sino solo el habitual semblante tranquilo y sosegado y el desgarrador «¡Aaah!».

Lo que chocaba un poco en el relato de Gladys era el hecho de que Be-be muriera desangrado cerca del depósito vacío de agua y que nadie recordara haberla visto aquella mañana con ninguna mancha de sangre, por no decir empapada de la misma como cabría esperar tras un apuñalamiento como aquel. Asimismo, según su historia, después de que Be-be hubiera sido acuchillado, ella había realizado una serie de cortos viajes, primero a casa de alguien a pedir un vehículo para transportar el cuerpo de su novio, luego al domicilio de otra persona para dar la noticia, y por último el más llamativo de todos: había caminado casi un kilómetro para ver a un amigo suyo y de Be-be, por lo visto para decirle que este estaba muerto.

Cada vez que yo preguntaba por ahí, incluido el padre, cuál había sido el comportamiento de Gladys al ser detenida por la policía, todos decían: «La Gladys de siempre. Se comportó como de costumbre». Esto no concordaba demasiado con su relato de haber tenido una pelea violenta y haber clavado a Be-be un cuchillo con tal fuerza que lo mató de una sola estocada. La idea de que Be-be la había golpeado con un rastrillo tampoco era muy creíble. Be-be no habría sido capaz de pegar a un niño, a una mujer ni un perro. De hecho, en general se le consideraba una persona pasiva e indulgente, quizá como consecuencia de tener demasiado THC circulando por su cuerpo. En una ocasión, Gladys le atacó con un machete y él se lo arrebató y lo lanzó a un lado y a ella a otro sin castigarla en ningún momento por ello.

Por último, las pruebas directas no respaldaban la teoría de una riña en la casa. Los vidrios rotos de las ventanas estaban *den-*

tro no fuera, por lo que no podían ser resultado de una pelea en el interior que los rompiera hacia el exterior. En realidad, lo de fabricar una prueba falsa rompiendo las ventanas desde fuera parecía más bien una torpeza.

«Esta noche voy a matar a Be-be»

Se dice que en Jamaica hasta los arbustos tienen oídos; incluso cuando crees que no hay nadie alrededor, puede que alguien esté escuchando. Como es una isla, parece razonable pensar que las redes de vigilancia y chismorreo están especialmente bien extendidas.

La versión más singular de esa extraña historia me la iba a contar mi suegra, una persona no demasiado inclinada a propagar rumores sin ton ni son. Me explicó que, a eso de las dos y media o tres de la madrugada del día del asesinato, un hombre que se dirigía a su casa sorprendió a Gladys en cuclillas sobre la hierba de Guinea. Ella gritó: «¡Eh!», y el hombre gritó a su vez y añadió: «Gladys, ¿eres tú?». «Sí», contestó ella. «¿Qué estás haciendo ahí?», dijo él. «Esta noche voy a matar a Be-be», respondió Gladys.

Ahora bien, ¿por qué iba Gladys a esconderse cerca del lugar donde se produciría el asesinato y a revelar además sus intenciones de matar a Be-be? Para empezar, esto da a entender que el apoyo generalizado que recibió tras el crimen no sería para ella algo inesperado. O quizás a veces los asesinatos son tan impactantes que casi suplique al asesino algo de dolor compartido. También es posible que esta historia sea falsa. No obstante, sí creo que el asesinato de Be-be fue premeditado y minuciosamente orquestado por Gladys.

Cómo se produjo el crimen realmente

Por lo que sabemos, Be-be murió de la siguiente manera. Su cuerpo fue encontrado muy cerca de un depósito de agua vacío sin tapa, esto es, un hoyo grande en el que sería fácil tirar a alguien: en cuanto logras llevarlo hasta el borde, ya está a tu merced. Debido a eso, en Jamaica las personas suelen tener miedo de que haya un pozo a su espalda. Reduce su movilidad a la mitad, al menos. En la naturaleza, los hoyos –a menudo camuflados– se utilizan para capturar mamíferos grandes y peligrosos, rinocerontes y elefantes. Al doblar la esquina en dirección a su casa, seguramente Be-be se vio frente a tres individuos provistos de machetes o cuchillos, uno de los cuales sería un hombre especialmente diestro con esas armas. Los tres le habrían obligado a retroceder hacia el hoyo y le habrían matado justo delante.

Encontraron a Be-be calzado solo con un zapato. Enseguida apareció el otro escondido entre la hierba alta, colgando de un trocito de alambre de espino en una valla situada a unos seis metros del lugar donde estaba el cuerpo. De espaldas al agujero, Be-be seguramente soltó la pierna, y debido al movimiento súbito lanzaría el zapato al lejano matorral. Si no, ¿cómo había llegado hasta ahí? Según Gladys, ella estaba arrastrando al hombre moribundo desde su pequeña casa hasta la carretera cuando, tras recorrer unos diez metros, dejó caer el cuerpo. Cuesta imaginar que alguien ocultara el zapato en un lugar tan extraño.

Para todos los que llorábamos la muerte de Be-be, el zapato colgante escondido era prueba de una lucha a muerte definitiva. Una lucha que se habría producido cerca del hoyo junto al que tenía que pasar camino de su casa, y a unos diez metros de donde Gladys había sido vista en cuclillas, en la hierba de Guinea, esperándole. Nunca sabremos si estaba allí para avisar y distraer a Be-be antes del asesinato o simplemente para gozar del espectáculo.

El destino de Gladys

En Jamaica existe la norma general de que si, tras un delito grave, te ponen enseguida en libertad bajo fianza, vas a acabar librándote de la cárcel. A lo largo de tres años, el caso será desempolvado ocho veces, archivado por diversas razones –documentos o personas no disponibles, proceso previo demasiado largo– y al final sobreseído. Sin embargo, si no te conceden la libertad bajo fianza, si tanto les gusta tu compañía, vas a pasar con ellos una buena temporada.

Gladys obtuvo la libertad bajo fianza al cabo de una semana gracias al más importante hombre de negocios de la ciudad. No era ningún secreto que este le guardaba rencor a Be-be. Este solía criticarle mucho en su campo de ganja, y se daba por sabido que ciertos informantes del campamento transmitían esos reproches y censuras al otro. No se llegó a juzgar a nadie, ni a Gladys ni a ninguno de los imputados.

Vi a Gladys unos veinte años después, cuando nos cruzamos en un camino rural. Estábamos solos, sin nadie más a la vista. Se mostró tan desagradable como siempre, pero también igual de enérgica. No recuerdo qué le dije, pero sí sé que la maldije duramente por su papel en el asesinato de Be-be. Se volvió y me gritó. Ni uno ni otro cedimos un ápice en el asunto. Éramos solo dos animales en un sendero gruñéndose mutuamente acerca de un episodio remoto.

12

Por ahí con Huey

Uno de los pocos beneficios de trasladarme, en 1978, desde Harvard a la Universidad de California en Santa Cruz fue la oportunidad de conocer a Huey Newton, legendario fundador del Partido de los Panteras Negras. En realidad, ondeó frente a mí como una razón para ir a Santa Cruz. Él era un estudiante de posgrado de «Historia de la Conciencia Social» –más o menos equivalente a Civilización Occidental–, que había tenido la agudeza de ver que la «conciencia social» había comenzado mucho antes que los griegos: en cierto modo, en la época de los insectos. En 1974 había obtenido su licenciatura en Santa Cruz y trabado amistad con el doctor Burney Le Boeuf, el famoso estudioso de las focas elefante. Burney había estado preconizando ante Huey las bondades de la biología evolutiva –concretamente de mi propio trabajo–, por lo que tuve la suerte de conocerlo después de que él estuviera ya puesto en antecedentes.

Yo no necesitaba estar puesto en antecedentes. A principios de los sesenta, creía que los afroamericanos debían seguir el ejemplo histórico de los judíos y asesinar a los asesinos de su propio pueblo, porque no se podía hacer justicia de ninguna otra manera. Igual que los judíos habían atrapado, juzgado, condenado y ejecutado a Adolf Eichmann, yo fantaseaba con un grupo de infiltrados que hiciera en Misisipi lo mismo a Byron de la Beckwith (que había asesinado a Medgar Evers, el valiente líder negro de la NAACP, la Asociación Nacional para el Progreso de la Gente de Color). Tras su crimen, como era de esperar, Byron fue absuelto por un jurado compuesto exclusivamente de hombres blancos en ese estado «empapado de racismo». En mis fantasías hacía justicia yo mismo, pero duraban solo un momento: lo más seguro es que nada más llegar al perímetro urbano un poli me diera el alto y me dijera: «Veamos qué tiene que decirnos este simpático chico blanco de Harvard sobre el asesinato del viejo y querido Byron».

Así pues, cuando leí por primera vez que en Oakland unos supuestos Panteras Negras patrullaban y, si era preciso, mataban a policías blancos racistas y parecían salir impunes, dije: «De puta madre». Y lo he dicho hasta el día de hoy. Unos merecen la pena de muerte, otros pasar muchos años en la cárcel. Sigo convencido de que los Panteras estaban mayoritariamente en el lado correcto de la justicia.

El truco de los Panteras

Los Panteras empezaron haciendo la ronda. De noche seguían a la policía o patrullaban hasta encontrarse con interacciones de policías y ciudadanos. Entonces, a lo mejor Huey salía de un coche con un libro de derecho en la mano y leía en voz alta que, según la ley, en una detención no se puede usar una fuerza «excesiva». La policía respondía siempre: «Nuestra fuerza no es excesiva». Entonces Huey les leía los preceptos legales sobre esta cuestión. Y los policías decían: «Vete a tomar por el culo». Y él respondía que un ciudadano puede permanecer a una distancia razonable de una detención. Y ellos replicaban: «Tu distancia no es razonable». Entonces Huey pasaba a la página pertinente y leía el fallo del tribunal de apelaciones según el cual una distancia razonable eran diez metros o lo que fuera, y todo seguía así.

Huey no inventó lo de las patrullas. Esto comenzó a ponerlo en práctica una organización de Los Ángeles llamada U.S. en 1965, si bien había una diferencia crucial en cuanto al enfoque: los de U.S. iban desarmados. Una noche, unos agentes del Departamento de Policía de Los Ángeles les pegaron una paliza a todos, y ahí se acabó la historia. Huey sí iba armado. Sabía que tenía derecho a llevar armas, y sabía que tenía el coraje necesario para utilizarlas. Así, cuando se apeaba del coche solía llevar un arma debajo del libro para poder dar una respuesta adecuada si la conversación se tornaba hostil o amenazadora. En efecto, entonces era legal ir armado incluso junto a la policía.

Durante la guerra que libraron los Panteras Negras entre 1967 y 1973, murieron aproximadamente quince agentes y treinta y cinco Panteras. No es una mala proporción de bajas, teniendo en cuenta que la lucha era en Estados Unidos. Creo que los Panteras tuvieron el importantísimo efecto de integrar las fuerzas policiales de este país. El razonamiento era este: «Eh, si los negros disparan sobre nuestros agentes, hagamos que algunos agentes negros respondan».

Primer encuentro

En otoño de 1978, el doctor William Moore me llamó para decirme que Huey, que entonces estaba en la cárcel acusado de haber pegado una paliza a un sastre en su casa por haberle llamado «chico», quería hacer un curso de lectura conmigo. Dije que me parecía bien, pero quería que el señor Newton me explicara lo que deseaba leer. Antes de poder responder, fue liberado y vino a verme a Santa Cruz. Quedamos en casa del doctor Le Boeuf. Huey venía acompañado del doctor Moore, su ayudante de campo Mark Alexander, y su guardaespaldas Larry Henson. Cuando me explicó que se había pasado tres años incomunicado, le pregunté si, con tanta soledad, alguna vez temió sufrir o sufrió un colapso mental. Me describió una noche en que toda su psique pareció fragmentarse y desagarrarse, y tuvo que hacer un gran esfuerzo por mantener la calma y hacer frente a esa fragmentación. Hizo una especie de demostración: con sus fuertes y musculosos brazos fingió que comprimía un objeto a punto de explotar. Así pues, creamos en el acto un sólido vínculo psicológico. Yo había padecido la fragmentación y el colapso; él los había combatido y estaba dispuesto a hablar de ello.

Por cierto, cualquiera con sensibilidad para las «vibras» (como lo llaman en California) habría notado que Huey temblaba mientras hablaba. Me parece que esto se debía a que solo habían pasado dos meses desde su salida del infierno hipermasculino que es la cárcel.

Decidimos hacer un curso de lectura sobre el engaño y el autoengaño, tema en el que yo tenía muchas ganas de ahondar y sobre el que Huey resultaba ser todo un maestro. Era un experto en propagar el engaño, en captar el engaño en los otros y en hacerte ver tu autoengaño. Pero se venía abajo, como nos pasa a todos, cuando se trataba del suyo propio.

Un día con Huey

Poco después de nuestro primer encuentro en casa del doctor Le-Bouf, fui invitado a la casa de Huey para nuestra primera clase. Con otro alumno no lo habría hecho así, pero él no era un alumno cualquiera, así que fui a Oakland y pasé siete horas en su casa como invitado, si bien la intensidad de la situación se vio rebajada gracias a la presencia de su bella esposa Gwen.

Huey Newton era, sin duda, uno de los cinco o seis seres humanos más brillantes que he conocido en mi vida. Cada uno de estos cinco o seis tenía un determinado tipo de inteligencia, y el punto fuerte de Huey era la lógica agresiva. Si con Bill Hamilton tenías que inclinarte hacia delante para oír lo que decía, cuando

Huey hablaba a lo mejor salías disparado contra la pared. Y usaba sus frases lógicas como si fueran piezas de ajedrez destinadas a atraparte y sumirte en la impotencia. «Vaya, pues en ese caso, será verdad.» Si te alejabas del sitio adonde te estaba llevando, decía: «Bueno, si *eso* es verdad, entonces seguramente tal o cual cosa será verdad». De modo que te manipulaba con la lógica hasta conducirte a una postura indefendible. El razonamiento solía tener un carácter «todo o nada» en virtud del cual, de hecho, él doblaba la apuesta por cada alternativa lógica, lo que te transmitía la desagradable sensación de que estabas perdiendo cada vez más a medida que avanzaba la discusión, con lo cual cometías errores cada vez más gordos.

La forma más corta de este razonamiento podía denominarse «los dos pasos de Huey», y era como sigue. Un día, Huey estaba enfadado conmigo por haber dejado yo que en un artículo de una popular revista científica me describieran como alguien entendido en los precios de la marihuana y la cocaína en las calles de Montego Bay. En opinión de Huey, mezclar las dos era un error; con una bastaba. Y como a mí ya se me relacionaba mucho con la marihuana, que a su vez tenía numerosas cualidades positivas, Huey consideraba que a mí no se me debía asociar públicamente a la cocaína. Estaba en lo cierto, sin duda. Así pues, se me ocurrió cierto pobre argumento de que si para los otros era útil conocer este hecho (aunque no tenía motivos para sospechar que lo fuera), el coste de la autorrevelación para mí no tenía importancia. Era casi como si Jesucristo se hubiera ofrecido voluntario a ser torturado en la cruz. A lo cual Huey replicó: «En tal caso, ¿por qué no das clase desnudo?». Los dos pasos de Newton. Fin de la discusión.

Hablando de la cocaína, yo era tan ingenuo que, durante aquella primera sesión de estudio en su casa, no advertí el polvo blanco que había alrededor de sus orificios nasales, ni la frecuencia con que abandonaba la habitación y regresaba. Más adelante me enteré de que había estado levantado toda la noche anterior a mi visita, esnifando cocaína sin parar, mientras su esposa le suplicaba que descansara un poco y no echara a perder otra reunión importante. La cocaína fue la droga de Huey y su perdición, pero en esa ocasión me parece que solo lo alborotó lo suficiente para dejarme abrumado –de hecho, tuve que echar mi acostumbrada siesta antes de volver a la carretera–. Huey me instó a tenderme en su propia cama mientras en la casa todo permanecía en silencio. Así era Huey Newton: si eras su invitado, tenías preferencia. Era un hombre enormemente cálido. En cuanto a la cocaína, en esa época, en Oakland, se la conocía como «la bailarina», y te ponían sobre aviso: «Cuídate de que no se te lleve bailando».

Tras ese viaje, mi esposa y yo los invitamos a ellos a Santa Cruz, y al poco de llegar, tras dominar ya las bases de la lógica evolutiva, él me llevó aparte y dijo: «Solo hay una cosa en la que quizá no estemos de acuerdo, ¿tú crees en el libre albedrío?». Le contesté que no sabía lo que la gente quería decir realmente cuando usaba ese término, pero creía que los individuos tenían capacidad para recordar sus acciones y decidir si querían repetirlas. Me dio un abrazo. Al parecer, no discrepábamos en nada.

Mi primera noche por ahí con Huey

La siguiente vez que vi a Huey fue para salir por ahí de noche sin mujeres: Huey, yo y dos de sus principales escoltas, Larry y George, partimos con la idea de dejarnos caer por algunos clubes de West Oakland. Acabamos en uno muy agradable, lleno de personas de ambos sexos. Nos reímos mucho y tuvimos montones de conversaciones divertidas con la gente, pero, como solía suceder, nos quedamos demasiado rato. El local se fue vaciando hasta que solo quedamos nosotros en una mesa y tres clientes en la barra. Huey pidió una última copa. Eran las dos menos diez de la madrugada.

La camarera vino a decirnos que faltaba muy poco para cerrar (a las dos) y que no podía servirle la copa. Él le dijo que dijera al barman que quería una copa. La mujer regresó para decir que el barman no podía hacer lo que él pedía porque era ya hora de cerrar. Larry y George se levantaron y se quedaron de pie junto a la puerta de entrada y la puerta del lavabo de caballeros, y uno y otro se desabotonaron la chaqueta. Entonces Huey se acercó a la barra y dijo: «Si no me sirves, arraso el local». Vaya, pensé, esto se pone interesante. ¡Voy a ser el chófer en la huida de un robo a mano armada! Más adelante supe que «arrasar el local» significaba robar todo el club, clientes incluidos. Se hizo un profundo silencio. Entonces, un afroamericano alto, delgado, de pelo gris y piel clara, de unos setenta años, habló en voz alta: «¡Bueno, pues sírvele al hombre una copa!». Genial. Problema resuelto: el barman ocupado con su trabajo, Huey sentado de nuevo en la silla.

Llegó la copa. Huey tenía un billete de cinco dólares para cubrir una cuenta de dos. No, invita la casa, dijo la camarera. No, insisto, dijo Huey. No, no, no... no le cobramos la copa. Huey insistió, los cinco dólares acabaron en la bandeja de la mujer, él apuró la copa y nos fuimos.

Yo me sentía de maravilla. Huey ahondó en los detalles de lo que acabábamos de vivir y arrancamos entre risas. Mejor irnos rápido, pues nunca se sabe cuándo pueden llegar refuerzos. Era absolutamente necesario pagar la copa, porque, según la ley, si aceptas una copa gratis bajo amenaza de robo a mano armada, has cometido robo a mano armada.

A propósito, Huey era un experto en leyes, sobre todo las relacionadas con delitos menores. Estaba familiarizado con ese mundo debido a su padre, quien le había enseñado que la policía utiliza los delitos menores para atraparte en tus delitos graves, por lo que había que prestar mucha atención a los primeros. Su padre también le había dicho que puedes salir indemne de un asesinato pero no de una paliza, y le aconsejó que evitara a los «mentirosos, los ladrones y los apostadores».

Comprendí lo importante que era prestar atención a los delitos menores de manera muy convincente una vez en que circulábamos en coche por West Oakland a altas horas de la noche, yendo yo al volante. Huey me dijo que diera la vuelta, así que me dispuse a hacer el cambio de sentido. Me reprendió al instante. «Dentro de los límites de la ciudad, el cambio de sentido es ilegal.» «Pero son las tres de la mañana.» «La ley se aplica las veinticuatro horas los siete días de la semana.» «Pero aquí no nos ve nadie.» «Eso no lo sabes. Solo sabes que tú no ves a nadie.» Luego pasó a darme instrucciones sobre la maniobra adecuada, que era girar a la izquierda hacia algún camino de entrada y dar marcha atrás para colocarte en la dirección opuesta.

Así pues, ya no había nada más que discutir sobre los delitos menores. Y si cometía algún delito grave, siempre te avisaba. A veces se subía a mi coche y decía «Estoy sucio», lo cual significaba que llevaba o bien un arma, o bien un cuarto de libra de cocaína. Esto pasó conmigo en un par de ocasiones. En una ocasión fuimos a ver a algunos exmiembros del partido que ahora se dedicaban a la cocaína a tiempo completo en West Oakland, que y vivían en el complejo de apartamentos de Acorn. En el complejo de Acorn, te arriesgabas a que te robaran al entrar y al salir. En cualquier caso, esto nos ponía a los dos en peligro. Sin embargo, yo había decidido ser un Pantera, aunque solo como un simple soldado raso. Huey era el líder, así que fui con él. No nos robaron y en ningún momento nos dio el alto ningún agente. Huey tenía una pierna algo más corta que la otra, por lo que podía exagerar la consiguiente cojera para que la gente viera enseguida que quien llegaba era Huey Newton, con la seguridad que yo le brindaba.

Un robo a mano armada permite proteger a los niños en su camino a casa desde la escuela

Según Huey, el Partido de los Panteras negras empezó con un robo simple y tradicional que él estaba planeando con varios cómplices. El problema era que estaba leyendo a Franz Fanon y concienciándose políticamente cada vez más. Así que decidió valerse del robo para crear un nuevo partido político, tan radical como sus fondos iniciales. Lo más difícil sería convencer a sus compañeros de robo. A ellos la idea no les gustaba. «Casi me matan», me explicó Huey, pero al final consiguió que accedieran, e incluso algunos de ellos más adelante llegaron a ser miembros del partido.

A Huey le gustaba contarme que la emoción de un robo a un banco no tiene parangón. Hacía una demostración; doblaba la esquina con el arma desenfundada y apuntaba a su objetivo mientras anunciaba el robo con una voz tranquila y contundente. Una vez, mientras estaba preparando un robo a un banco en nombre del partido, por lo visto un agente federal le oyó por casualidad decir a sus hombres: «No os preocupéis por haber metido la pata, porque si lo hacéis os mataré».

En una ocasión, mientras cruzábamos los dos en coche West Oakland, cerca de Berkeley, Huey me indicó el emplazamiento del primer acto político del partido. Era una esquina en la que muchos niños afroamericanos eran atropellados cada año mientras trataban de cruzar una calle especialmente peligrosa próxima a su escuela. Se habían presentado numerosas solicitudes para que se instalara una señal de stop junto a un paso de cebra para proteger a los niños. No se había hecho nada.

Un día aparecieron los Panteras en el paso de cebra, con sus boinas y sus cazadoras de piel, y portando cada uno un rifle o una escopeta. Se pusieron a dirigir el tráfico, quedándose plantados en la carretera para permitir el paso seguro de los niños. Seis semanas después, el ayuntamiento no instaló una señal de stop,

Huey en una silla de mimbre, posando como colono y como revolucionario armado.

sino un semáforo en aquella esquina. Nada como unos hombres negros armados para promover la actividad cívica. Al menos en Oakland. En su Louisiana natal habrían sido agredidos, detenidos y, por si fuera poco, algunos incluso habrían muerto.

Armas y negros

Huey era un maestro de las imágenes visuales en sus múltiples facetas. Ciertos carteles de «Se busca: Vivo o muerto» representaban a un policía, con nombre y rostro: «Cabe suponer que va armado y es peligroso en todo momento». En un cartel de sí mismo aparece sentado en una vieja silla colonial de mimbre, con una lanza africana en una mano y un fusil americano en la otra, la boina de los Panteras en la cabeza y una mirada seria y penetrante. Como si el Partido fuera un nuevo poder colonialista procedente de África, un poder que estaba utilizando lo que había ayudado a tantos otros a colonizar el mundo: armas. Cuando la policía de Oakland disparó sobre el cartel colocado en la ventana del cuartel general del Partido, Huey simplemente confeccionó otro a partir de esa imagen: ponía claramente de manifiesto lo que a la policía le gustaría hacerle si no se lo impidieran su Partido, su fama, su respaldo económico (buena parte del mismo procedente de Hollywood) y el poder legal que compraba. Generando solo cierta «duda razonable», un poco de planificación ya puede traducirse en un gran éxito.

Cuando la cámara legislativa de California se reunía para decidir si aprobaba la «ley Huey Newton», como se la llamaba vulgarmente, según la cual ya no podías «viajar con una escopeta» sino que debías guardar tu arma cargada en el maletero, Huey y otros cinco Panteras, la mayoría provistos de rifles, aparecieron en Sacramento el día de la votación. Pretendían entrar en la cámara con sus armas, lo que a la sazón estaba permitido por la ley. La policía le impidió la entrada, les ordenó que abandonaran el edificio y poco después procedió a su detención.

Huey me explicó que muchos negros se mostraron en contra de esa exhibición pública: «Ahora que seguramente van a aprobar la ley, ¿por qué no reducís la presión?». La respuesta de Huey era muy simple: la ley se iba a aprobar en cualquier caso, y él quería mostrar a los negros que tenían el derecho de presentarse ante el Parlamento con armas y enfrentarse a un montón de policías armados. Este era uno de los objetivos principales del partido: animar a los afroamericanos a ejercer su derecho a portar armas en defensa propia. En respuesta a un linchamiento, el presidente Harry Truman había tomado la primera decisión clave en favor de la igualdad de derechos con respecto a las armas para los hombres negros de Estados Unidos, al integrar en 1948 las fuerzas armadas. Antes los soldados negros cortaban zanahorias y fregaban los platos.

Actualmente, muchos afroamericanos muestran una clara ambivalencia, incluso hostilidad, hacia Huey y los Panteras, pues les recriminan que ayudaron a crear la cultura de la violencia armada negra entre los jóvenes urbanos. Seguramente hay algo de verdad en esa acusación, pero me parece que los castigos ligados a las drogas duras desempeñaron un papel más importante en esta situación. Al ser tan alto el riesgo de ser detenido vendiendo drogas ilegales, las probabilidades de guerras intestinas y asesinatos aumentaban también de forma inevitable.

A quienes acusaban a Huey, yo les preguntaría también cuál era su alternativa a que los negros poseyeran armas. Supongo que tendríamos blancos armados alrededor de ciudades negras desarmadas, con lo que no se padecería ningún conflicto armado interno; de hecho ya hemos vivido un período así. Recordemos a aquella vociferante multitud de blancos armados que, en los años veinte, redujo a cenizas los prósperos negocios negros de la comunidad de Tulsa, Oklahoma, matando de paso a montones de negros. Ser las únicas personas desarmadas en un país basado en la violencia armada no es la más deseable de las circunstancias.

Otra cosa que me gustaría recordar a los detractores de Huey es que los Panteras ayudaron a iniciar la integración sistemática de las fuerzas policiales en el conjunto del país, y por supuesto en Oakland, donde se había fundado el partido. Y aunque sin duda es cierto, como señalaba Huey, que no por pintar un poli de negro va a ser el poli mejor, en principio es más probable que el poli negro sepa distinguir a unos de otros y menos probable que tenga actitudes racistas hacia su propia gente.

Una última cuestión sobre el legado de Huey: aunque se tiende a suponer que de entrada Huey estaba en contra de la policía, en realidad entendía que la vigilancia y la protección organizada era un valor obvio para la comunidad. Por eso consideraba que él mismo y los miembros del partido estaban al mismo nivel que la policía oficial. Solía bromear: «No tengo nada contra la policía, siempre y cuando disparemos todos en la misma dirección». Cuando conoció al líder palestino Yasser Arafat, Huey le preguntó por qué tenía que llevar a cabo acciones terroristas aleatorias contra los israelíes. Arafat le respondió que no tenía otras armas. «Bueno, en ese caso, de acuerdo», dijo Huey. Sin embargo, Huey no creyó nunca en los actos terroristas realizados al azar. Su violencia –para bien o para mal– era siempre muy específica y estaba dirigida a objetivos concretos.

Imaginería animal

Huey tenía un extraordinario conocimiento instintivo de los animales y de la imaginería animal. Pese a no ser el inventor de los siguientes usos, se aprovechó de ellos y los popularizó: «pantera negra» para el revolucionario negro, y «cerdo» para el agente de policía.

Nada más negro por la noche ni más aterrador que una pantera. Por su parte, los cerdos tienen una larga y característica historia de su condición de sucios debido a un parásito detectado en su carne. Personalmente, no obstante, siempre les he tenido cariño a los cerdos. Son muy vivarachos. Pocas cosas hay más adorables que una familia de jabalíes corriendo entre la alta hierba de las praderas africanas, el padre o la madre delante y detrás, todos con la cola en alto, seguramente para seguir en el grupo con más facilidad. Verlos atados a estacas y obligados a hozar y pasarse la vida entera en un espacio reducido me resulta doloroso, aunque ni mucho menos tan doloroso como la manera grotesca en que la «industria alimentaria» ha creado condiciones de tortura masiva inauditas siquiera en las cárceles: gallinas, vacas y cerdos incapaces de darse la vuelta en toda su vida.

Una vez Huey imitó a un alce que emitía su grito de defensa territorial cuando advertía peligro, un profundo gemido in crescendo. Decía que había generado el grito del alce en mí cuando, durante una discusión sobre reparto equitativo de regalías, él había sugerido que en vez de un tercio para él y dos tercios para mí como habíamos acordado en un principio, debían ser dos tercios para él y uno para mí. Y, en efecto, recuerdo la sensación de invasión de territorio que me embargó, como si de pronto me atacaran al mismo tiempo desde dos lados. En mi voz se apreció un timbre de «alce» cuando dije: «¡Alto ahí, Huey!».

Tras volver de una juerga de tres días, su mujer le reprendió con dureza; un día imitó su respuesta para mí delante de ella, la cabeza gacha, las manazas en el pecho y colgando lánguidas mientras le decía: «Es el perro que llevo dentro, cariño, es el perro».

Lo que sigue a continuación no es exactamente imaginería animal pero se le acerca. En una conversación con Huey, él solía hacer alusión a «tu culo negro», con independencia de tu etnia o el color. En una ocasión, captó en mí cierta mirada, se inclinó hacia delante y dijo: «Bob, si te fijas bien, *todos* los culos son negros».

Pronto adopté ese estilo como propio, lo que una noche dio lugar a un divertido instante con un alumno afroamericano de posgrado en Santa Cruz, con quien mantenía una discusión. Hice referencia a mi culo negro, momento en el que él dio un

Huey y yo, en una fiesta en mi casa.

paso al frente y dijo: «¿El culo negro *de quién?*». Yo también di un paso adelante y contesté: «*Mi* culo negro». Entonces él retrocedió y dijo: «¿Tu culo negro?». Yo retrocedí a mi vez y contesté: «Mi culo negro». Problema resuelto; tan pronto supimos cuál era el culo negro que estaba en juego, se aplacaron enseguida los ánimos.

Huey tenía superadísimo el racismo, sin duda mucho más que yo. En los Panteras hubo asiáticos desde el principio; yo fui solo un caso tardío. Supuse ingenuamente que él mostraría una inclinación hacia el lado más oscuro. Pues no. Huey fue el padrino de mi hija Natasha, de piel ligeramente tostada, hermana gemela de Natalia. Una vez me llevó aparte y me dijo: «No dejes que tu racismo contra los blancos te haga discriminar a tu hija gemela de piel más clara, Natalia». Culpable en ambos casos. Él mismo tenía un cuarto de judío, pues su madre había sido violada a los dieciséis años por el hijo de su patrón, y, pese a lo horripilante de su origen, Huey siempre había respetado esa parte de su persona. A veces me recordaba que tenía una cuarta parte de judío, sabiendo perfectamente que yo tenía casi la mitad, como diciendo «si quieres competir conmigo en este terreno, adelante».

Hacerse de menos

Por lo general, en lo que concierne a la imagen de uno mismo, creemos que el autoengaño conlleva *inflación* del yo: eres mejor, más importante o tienes mejor aspecto de lo que dice la realidad. No obstante, hay otro tipo de engaño –hacerse de menos, subestimarse– en el que el individuo se afana por parecer menos importante, menos amenazador y tal vez menos atractivo, lo que le confiere cierta ventaja. Ser menos amenazador para alguien acaso te permite acercarte más a él. El ejemplo más memorable de subestimación que he conocido yo tiene que ver con el término afroamericano «hacerse de menos» que me explicó Huey Newton.

Alude a una tendencia a mostrarse uno mismo como menos inteligente y consciente de lo que realmente es, normalmente para reducir el trabajo que te vayan a encargar. Así pues, un empleado acaso se haga de menos para que no le exijan hacer cosas más difíciles. En Panamá, vi habitualmente muchos casos en que los hispanohablantes daban la impresión de entender menos inglés del que entendían o de ser mucho menos inteligentes de lo que eran en realidad, todo con el fin de sacar algún provecho de los ignorantes gringos que se creían con suma facilidad todo ese teatro de hacerse de menos.

Un día pregunté a Huey cómo lidiaba con esa infravaloración artificial de los otros. Como jefe de una gran organización, seguro que se habría encontrado con este problema entre sus subordinados. Tardó un poco en entender lo que estaba preguntándole, pero cuando lo hizo se le iluminó el rostro, se animó y dijo: «Ah, ¿quieres saber cómo lo manejo?». Y acto seguido soltó un magnífico discurso sobre un ejemplo imaginario de subestimación. Ojalá hubiera estado cerca algún asesor de Richard Nixon para grabar sus palabras y conseguir que ninguna se perdiera para la posteridad. Por desgracia, solo puedo hacer un apunte aproximado de la respuesta de Huey.

Si mal no recuerdo, Huey imaginó una situación en la que un camarero se coloca siempre de tal manera que no ve a su jefe cuando este le llama y, por lo demás, parece estar trabajando pese a que en realidad no hace nada. Su monólogo como respuesta a esa actitud fue más o menos así: «Vaya, o sea que eres tan tonto que por lo visto estás mirando hacia otro lado cada vez que intento decirte algo. Y eres tan tonto que cuando sabes que estoy mirándote, decides limpiar la vajilla que ya estaba limpia. Y eres tan tonto que siempre estás andando hacia la despensa sin llegar nunca. Bueno, ¡pues no eres tan tonto, joder!», y quizá luego abofetearía al individuo hasta tirarlo al suelo, verbalmente o de otro modo. Resumiendo, Huey revelaba al actor la lógica oculta de sus acciones, y el remate irónico era que «no eres tan tonto, joder», pues has logrado parecer tonto de una forma coherente, ideada para engañar a tu patrón.

Lado oscuro de Huey

Huey tenía un lado oscuro que se esforzaba por ocultarme, lo cual le salía realmente bien. De hecho, nunca vi ese lado oscuro en acción. Por él me enteré de algunas historias benignas, pero fue gracias a otros como me enteré de ciertas infracciones gravísimas de las reglas dentro del partido. Huey era el ministro de Defensa, que resultaba ser asimismo el Tribunal Supremo. Todas las penas de muerte tenían que ser aprobadas por él, lo que equivalía a decir que solo él tenía el poder de aplicar la pena de muerte.

¿Mató él a Kathleen Smith, una prostituta de diecisiete años que trabajaba entre San Pablo y la calle Veintiocho, una mañana temprano de 1974, después de que ella gritara «Ningún pequeño punki va a decirme cómo debo llevar mi esquina»? En la comunidad la gente creía que sí. Las supuestas palabras de ella eran idóneas para provocar ese final. «Punki» era un término carcelario, y Huey había estado tres años en prisión al parecer por matar a un policía blanco racista, por lo que «pequeño punki» no le parecería un saludo apropiado a las cuatro de la madrugada. A esa misma hora estaba él intentando organizar las habituales actividades delictivas –prostitutas, drogas y protección– al servicio del partido. Y según los entendidos, donde ponía el ojo ponía la bala: desenfundaba, apuntaba y caías. Siempre he atribuido esto a la pureza de la intención. Si tiro una piedra a un perro, suelo temer inconscientemente algún castigo, de modo que en el último instante desvío el tiro. Huey no. Si quería que acabaras muerto, acababas muerto.

Otro truculento incidente del que me enteré tenía que ver con una mujer, una militante del partido, que se había sentido atraída y había iniciado una relación sexual con una mujer que estaba liada con Huey (que a su vez estaba casado). La intrusa no había pedido permiso a Huey para esa aventura, aunque él seguramente se lo habría concedido –si bien luego habría pedido participar también–. Pero ¿el castigo por iniciar una relación lésbica a escondidas tenía que ser una paliza de muerte, con resultado de lesiones permanentes en la espalda? No, claro, pero eso es precisamente lo que pasó. La tarea se asignó a un miembro del partido de físico imponente, una especie de leyenda, que más adelante se declaró culpable de homicidio sin premeditación. A propósito, cuando ese hombre hubo cumplido su pena de trece años de cárcel, dedicó su vida a ayudar a los pobres, a los oprimidos y a otros expresos a reintegrarse en la sociedad.

No sé cómo conciliar la imagen del hombre inteligente y afectuoso que conocí con estas brutales acciones; solo se me ocurre que quizá para tener el descaro de atacar y asesinar a agentes de policía blancos en Oakland y amenazar con hacerlo en todo el país hace falta cierto carácter compatible con la crueldad. Él tenía ambas cosas, sin duda, crueldad y descaro. Planificó y llevó a cabo la ejecución de agentes concretos; apaleó despiadadamente y a veces mató a personas de distintas etnias, que por lo general no habían cometido ningún delito. Debo decir que yo no detectaba en él mucho sadismo, más de lo que cabe decir de uno de sus principales escoltas, de quien el propio Huey me prevenía, pues disfrutaba haciendo daño.

Hace poco hemos asistido a una terrible racha de muertes de afroamericanos a manos de la policía con un pretexto de lo más endeble: un niño blandiendo un arma de juguete en una tienda o un parque; pum, muerto en el acto. Sí, en efecto, ¿dónde están los Panteras cuando más los necesitamos? Huey no creía en castigar a toda la comunidad, por ejemplo en incendiar South Central de Los Ángeles porque tres polis racistas hubieran sido exonerados de toda culpa tras haber propinado una paliza al querido Rodney King. Creía en la justicia, no en dos polis inocentes ejecutados mientras estaban dentro del coche patrulla en Brooklyn, como pasó el otro día en Nueva York, porque otros polis habían considerado apropiado ejecutar a ciudadanos a plena luz del día estrangulándolos o disparándoles a quemarropa.

Huey no creía en matar policías al azar, sino en asesinar a agentes merecedores de dicha pena. No habría promovido la muerte de los agentes que golpearon a Rodney King, pues este sobrevivió, con lo cual la paliza no tenía su equivalente en la pena de muerte. Sin embargo, habría opinado de otro modo en cuanto a la ejecución de un niño de doce años que se puso a jugar con una pistola de plástico en un parque de Cleveland dos segundos después de que llegara un agente: eso sí merecía la pena capital.

Yo mismo fui Pantera tres años, hasta que una noche memorable Huey me «excomulgó» y me dijo que permaneciera fuera de su «territorio», es decir, Oakland. Me aseguró que era por mi propio bien, y yo le creí y todavía le creo. Estaba pasando yo por una fase maníaca que empezaba a afectar a mi relación con algunos compañeros del partido, quienes se habrían deshecho de mí con mucho gusto si no hubiera sido por mi estrecho vínculo con Huey. Pero esto, a su vez, suponía para él una carga adicional. Así que tuve que dejarlo. Según un dicho de la época, uno nunca dejaba de ser un Pantera Negra. Era como la Mafia: solo salías al morir.

El asesinato de Huey P. Newton

El 22 de agosto de 1989, Huey Newton fue asesinado a tiros en Oakland, California, a las seis menos diez de la mañana, frente a un antro de crack. El autor de los disparos fue un tal Tyrone Robinson. Al parecer, los dos habían hablado brevemente. Tyrone se volvió para irse, pero tras apenas dos pasos dio media vuelta para meterle a Huey tres balas en la cabeza. Quizá Huey había estado acosándolo para conseguir un pico, pero Tyrone, recién salido de la cárcel, pertenecía la Familia de la Guerrilla Negra, una banda carcelaria enfrentada con los Panteras desde hacía tiempo. Tyrone tal vez creyó que, si mataba a Huey, ganaría prestigio en su organización, y acaso estuviera en lo cierto. Sin embargo, sus propios parientes lo entregaron, y antes de transcurrido un día volvía a estar entre rejas.

Yo me hallaba en Jamaica cuando ocurrió y me enteré de la muerte de Huey al día siguiente. Eran las seis de la mañana, y estaba en Black River, cazando lagartos hembra jóvenes mientras todavía dormían, pues es muy difícil atraparlos más tarde, cuando están totalmente despiertos y activos. Cuando llegamos a Black River, compré un periódico y lo hojeé hasta la tercera página, donde vi una foto de mi amigo. Oh, Dios mío, muerto y bien muerto. No me cabía en la cabeza otra explicación para que esa foto estuviera ahí.

Más tarde me llegó un telegrama de mi mujer: «Huey muerto a tiros». Regresé a mi propiedad y grabé sus iniciales y la fecha de su muerte en un cactus de larga vida y crecimiento lento. No podía hacer mucho más. No tenía el interés ni los recursos suficientes para acudir a su entierro, ni tampoco a nadie en Jamaica con quien compartir mi pena. Huey había pasado a mejor vida.

La última vez que lo vi fue en la duodécima planta de los juzgados de lo penal de Oakland, dos meses antes de ser puesto en libertad y cuatro antes de ser asesinado. Separados por un cristal, hablamos por teléfono mientras permanecíamos cara a cara. Él había encerado dos años y medio y estaba a punto de ser excarcelado, pagando por fin su «deuda con la sociedad». Tras un rato charlando, de pronto me preguntó: «¿Cuándo fue la última vez que fumaste ganja?». Le aseguré que hacía años que no fumaba. Y entonces añadí: «Cuando estés libre supongo pasarás unos doce minutos sin pillar ganja». «No», dijo girando bruscamente la cabeza a la derecha y devolviéndola a su sitio. Hubo una pausa y acto seguido se le dibujó una sonrisa. «Demasiado deprisa, ¿eh?», soltó. En nuestro trabajo sobre el engaño y el autoengaño habíamos señalado que las mentiras podían brotar o bien más despacio que la verdad –pues el cerebro se tomaba su tiempo en inventar la falsedad–, o bien demasiado rápido. Cuando se producían con demasiada rapidez, era debido a la negación, un deseo de barrer la verdad debajo de la alfombra con una simple palabra: «¡No!». Estaba acusándose a sí mismo. Y, como era de esperar, tres meses después lo mataron a tiros frente a un fumadero de crack.

A mi juicio, él sabía que iba a terminar así. Su fabulosa auto-biografía se titularía «Suicidio revolucionario». Me explicó que había escogido esta frase porque captaba lo que siempre había creído que le pasaría. Estaba seguro de que lo matarían a tiros en el curso de un enfrentamiento armado para castigar a la po-licía blanca y racista. En cierto modo sería un suicidio, pero con repercusiones revolucionarias. Al otro tipo de suicidio lo llamaba «suicidio reaccionario».

Solía decirme que le sorprendía no haber muerto en la guerra que los Panteras libraron contra la policía a finales de los sesenta y principios de los setenta. En una ocasión, cierta figura religiosa oriental le advirtió que, después de todo lo que había hecho y vivido, sería muy aconsejable un programa de meditación de dos años; pero eso era algo a lo que él no iba a someterse. Así pues, al final irónicamente cometió un suicidio reaccionario. No de forma directa, sino siguiendo un estilo de vida destinado a conducirlo hasta ahí. La bailarina se lo había llevado bailando, en efecto. No soy capaz de imaginar la pena que sobrellevaba por todo el daño que había causado, por todas las negaciones que había soportado.

Ocho años después, su hermano Melvin me visitó en Jamaica y vio mi dedicatoria en el cactus. Me dijo que lo había hecho mal, que debía haber grabado tanto la fecha de nacimiento como la de la muerte. Así lo hice, y a renglón seguido asistimos a un espec-táculo extraordinario. Primero llegó revoloteando el colibrí por-tacintas piquirrojo –o tijereta macho– y luego, casi de inmediato, una hembra de la especie del carpintero real, muy rara de ver. Era casi como si Huey estuviera vivo, pero en otra dimensión.

13
Detenido

Estar detenido nunca es agradable. Cada detención tiene sus particularidades, pero todas tienen en común un brusco revés de fortuna y una pérdida absoluta de libertad a menudo en entornos desconocidos y repulsivos. Puede estar en juego tu propia supervivencia. Los otros detenidos son propensos a mostrarse agresivos y descontentos, y estar recluido en compañía exclusivamente masculina no suele generar pacifismo ni oleadas de afecto comunitario.

He pasado más de un año de mi vida en calabozos por ser bipolar. A menudo, cuando la policía me encierra durante un episodio maníaco, es obvio que debo ser encarcelado en un hospital y enseguida tiene lugar el traslado. Una vez te ingresan para salir hace falta desplegar tus dotes de negociación así como pruebas de que tu fase maníaca está oportunamente controlada. A partir de dicho control, sufres una depresión que dura entre medio año y un año, tras la cual vuelves a funcionar como antes. Este tema requeriría casi un libro entero por sí solo, pero aquí me lo saltaré del todo y me centraré únicamente en las ocasiones en que he sido detenido por la policía.

Para esta descripción, simplemente he repasado mis arrestos en el orden en que se produjeron. La mayoría tuvieron escasa importancia y se resolvieron en menos de un día, pero otros fueron más serios. Lo peor, los diez días que pasé en el calabozo de Half Way Tree, en Kingston, Jamaica.

Detención en Nuevo México por múltiples infracciones de tráfico

En el verano de 1962, iba con unos amigos desde Alburquerque, Nuevo México, a El Paso, Texas, a pasar una noche de juerga. Era viernes, y todos veníamos de trabajar en la construcción del estadio de fútbol de la Universidad de Nuevo México.

Era un trayecto de cuatro horas. A mitad de camino, disconforme con el ritmo lento que llevábamos, pedí que me dejaran ponerme al volante. «Chicos del Oeste, uno del Este os enseñará a ganar tiempo en la autopista», solté. Enseguida nos pusimos a toda pastilla, a casi cuarenta kilómetros por hora por encima del límite de velocidad, cruzando todo el rato la línea continua para adelantar a otros coches (la alta velocidad hacía más segura esta maniobra) y en general yendo a tope en dirección a El Paso y Ciudad Juárez.

Todo iba bien hasta que se me ocurrió mirar por el retrovisor. «¡Dios santo, mira ese atontado!» ¡Detrás llevábamos casi pegado un coche a ciento treinta por hora! De repente advertí una luz que destellaba en lo alto del vehículo: un agente de policía que, tal como me explicó él mismo, me había estado siguiendo a esa distancia unos buenos diez kilómetros. Así que el atontado era yo. Me preguntó si no lo había visto. No, respondí, estaba demasiado ocupado conduciendo. El agente resopló. Por supuesto, conduciendo así no era muy conveniente apartar los ojos de la carretera para mirar por el retrovisor. Pero, ay, cuando se infringen múltiples normas, echar un vistazo al retrovisor es precisamente lo más aconsejable.

«¿Estos chicos han bebido?»

El agente enseguida se dio cuenta de que habíamos estado bebiendo. Había seis latas de cerveza por abrir y otras seis abiertas y
apuradas. ¿Quién de nosotros había comprado la cerveza? Uno de
los muchachos dio un paso al frente. ¿Tenía los veintiún años? Sí,
claro. Nosotros no, y por tanto no podíamos beber. «¿Estos chicos
han bebido?», preguntó el policía.

«No, no han bebido.»

«Lo preguntaré otra vez: ¿estos chicos han bebido?»

«Sí, han bebido.»

La más rápida conversión a la verdad que he presenciado en mi
vida… y encima muy sensata.

«Me alegro de que digas eso, porque si hay algo que detesto
es a los mentirosos, y si vuelves a mentirme te colgaría del poste
más alto de Nuevo México.» Acto seguido, el agente me llevó a su
coche y condujo hasta el juzgado local. Estaba detenido, pero no
tuve que sufrir la incomodidad de las esposas. Mis amigos iban
detrás en su camioneta. El caso se resolvió en un santiamén. La
jueza mexicana-americana me caló y me puso una multa de treinta y cinco dólares. Yo llevaba encima treinta y siete, por lo que
tuvo compasión de mí. Me dejó dos dólares para Ciudad Juárez.
Acabamos todos durmiendo en un parque de El Paso desde las
cuatro de la madrugada hasta el amanecer.

Camino de casa (conducía otro), se soltó una rueda de atrás,
que llegó a adelantarnos cogiendo velocidad sin el peso del vehículo. Y entonces, como es lógico, dimos bandazos hacia el arcén.

Paseando sobre el capó de Susie

Mi siguiente detención tuvo lugar apenas a treinta metros de mi
apartamento, durante una fiesta que organicé en Cambridge,
Massachusetts. Pasó lo siguiente. Mi exnovia Susie iba a marchar-

se a eso de las dos de la madrugada. Tras haber estado tumbado de espaldas y tragado bourbon Jim Beam delante de todo el mundo, no estaba dispuesto a dejar que se fuera tan pronto. La seguí hasta abajo con buen ánimo pero me puse delante de su Porsche, como para impedir que arrancara. Ella aceptó mi desafío, y enseguida me vi en el capó de su coche, buscando una tabla de salvación, que encontré en sus retrovisores laterales, una novedad reciente, a los cuales me agarré.

Susie continuó con el juego conduciendo alrededor de la manzana. Por lo visto, alguien vio lo que parecía un asalto en curso, valientemente frustrado por una mujer al volante de un Porsche, y llamó a la policía. Tras doblar despacio la última esquina en dirección a la casa, un coche patrulla nos siguió con un chirrido de neumáticos y la sirena berreando. Susie se detuvo de golpe, yo salté, y me obligaron a extender brazos y piernas mientras aseguraba: «Voy desarmado, agentes».

No estaban para cortesías. Me deshice en súplicas, les dije que Susie y yo éramos viejos amigos, que mi apartamento estaba a solo treinta metros, que desde luego me quedaría dentro si me dejaban ir; nada surtió efecto. Fui detenido, y a mi ex novia le pusieron una multa que decía: «Por conducir con visión obstruida de la calzada, hombre en el capó»... o, como dijeron luego mis amigos, «capullo al trullo». A continuación, mandaron llamar a una furgoneta policial que me trasladó debidamente a la cárcel municipal.

Sí recuerdo que me permitieron hacer una llamada telefónica. Llamé a mis amigos de la fiesta, que creían que me había ido con Susie. Recuerdo haber hablado con un tono muy moderado: «Los agentes consideran conveniente que pase la noche aquí» y cosas por el estilo. Entré solo en una celda para pasar ahí la noche, y cuando abrieron el pestillo por la mañana se materializaron otros tres detenidos, dos borrachines y un muchacho de dieciocho años al que habían pillado conduciendo sin papeles.

Los agentes trataron bien a todo el mundo menos a mí. A los beodos les dieron un poco de vino del alijo confiscado la noche anterior. Al del coche no le dieron nada, pero lo trataron con educación. Conmigo fueron descaradamente hostiles. Me mostré sorprendido ante el hombre joven. «¿No recuerdas que anoche les pegaste la bronca cuando te trajeron aquí?» No, no me acordaba. «Los insultaste a diestro y siniestro, les llamaste hijos de puta por encerrarte.»

Sigo sin acordarme de nada de eso. Seguramente esperaba que si empleaba con los policías algo de respeto y encanto pasado de moda, ellos permitirían que algún amigo pasara a recogerme, y de ese modo yo podría pasar la noche en mi casa –y en mi fiesta–. Pero como esto no surtió efecto, mi verdadero yo –totalmente borracho– entró en acción. ¡Qué raro que no me pagasen una paliza!

Detenido por la Guardia Nacional en Ciudad de Panamá

En 1980, el Smithsonian me concedió una prestigiosa beca y espacio suficiente durante un año para llevar a cabo una investigación en Panamá, instalado en Gamboa, en medio de la vieja Zona del Canal, que a la sazón estaba en proceso de ser devuelto al país. Realicé algunos estudios con hormigas y polillas, que en principio eran la razón de mi presencia allí, y poco más. En aquella época tenía una gran responsabilidad parental, cuatro niños de menos de seis años, que pronto fueron más debido a mi vida nocturna en Ciudad de Panamá.

Una noche, mi sobrino y yo fuimos sorprendidos en una «redada de drogas» en la Avenida Central. En estos casos, la Policía Nacional detenía a seis o siete en la calle, unas veces al azar y otras de forma más dirigida, como seguramente pasaba ahora conmigo. Luego los agentes te registraban en busca de drogas, sobre todo paquetes pequeños de cocaína. Cuando te abrían la cartera, parecían sentir un placer sádico al palpar todos los rincones mientras te miraban por si revelabas algún signo de miedo. No llevo nada, hermano. De hecho, antes habíamos intentado pillar algo, pero por suerte no lo habíamos logrado. Tampoco llevábamos marihuana. Entonces pusieron a mi sobrino en libertad y a mí me llevaron a la nueva jefatura, donde tuve que esperar custodiado mientras les veía atender a nuevos presos. No estaba detenido, solo «retenido».

Al rato de estar sentado observando ingresos, aparecieron unos agentes con un juego gigante de lámparas de carbón, dispuestas en hileras, con las que iban a examinar mi coche. Los que se quedaron atrás me vigilaban por si apreciaban en mí señales de nerviosismo, y yo no dejaba de rezar para mantenerme tranquilo y sereno. Las probabilidades de que encontrasen siquiera una semilla eran insignificantes, pues antes de partir, mi sobrino le había hecho al coche una buena limpieza jamaicana. Como Jamaica era un país en el que cualquier indicio de marihuana podía suponer dieciocho meses de trabajos forzados, el coche estaba limpio como una patena.

Sin embargo, regresaron sosteniendo una acusación algo estrafalaria. Tenían mi cenicero, en el que había lo que parecía el extremo de un porro de marihuana, solo que no estaba quemado en ningún extremo. Lo alcancé. Se retiraron. Entonces oí algo de lo más singular: «Esta vez, no pasa nada. La próxima vez, no pasa nada. La tercera vez, problema». Al parecer, como había superado lo que en esencia era un montaje, iban a considerarme libre de pecado.

Un guardia de prisiones afroamericano de Estados Unidos me dio su opinión como experto con información confidencial. El inesperado test de drogas en el centro de Panamá era consecuencia de un conflicto que había tenido yo con la policía de la vieja Zona del Canal, debido a la actitud abiertamente racista que mi birracial familia tenía que soportar por parte de los habitantes de Gamboa, una ciudad «blanca» de un área donde había segregación racial. En cierta ocasión, mientras me encontraba fuera de la ciudad, un agente de policía había dicho a mi mujer:

«Lo mejor para el doctor Trivers sería tomar el primer vuelo que salga de Panamá», un amenazador comentario que yo jamás había oído. Así que, siguiendo instrucciones del Smithsonian, me reuní con él y su comandante para dejarle claras las consecuencias de sus palabras. El hombre negó de entrada haber dicho aquello, naturalmente.

Como estos policías ya no podían actuar directamente contra mí, contaban con sus flamantes amigos de la policía panameña para que les echaran una mano (esto pasó durante la transición de tres años a la plena soberanía de Panamá sobre el canal), de ahí mi retención en la capital. Si esta teoría fuera correcta, acaso explicaría la insólita oferta gratuita de la policía panameña: no has hecho nada en contra de nuestras leyes; si los gringos te tratasen injustamente, te concederíamos vía libre en nuestro sistema.

«Conducir bajo la influencia» en California

En California fui detenido con toda la razón por «conducir bajo la influencia». Yo estaba borracho, y tenían todo el derecho de arrestarme en nombre de la seguridad pública, incluida la mía. A eso de las tres de la madrugada, estaba conduciendo por la 101 desde Oakland a Santa Cruz tras haber tenido una noche completa de interacción psicosexual en grado de tentativa. Era ya tarde, hora de volver a casa. Iba tan ebrio que no dejaba de golpear los topes instalados entre carriles. Al tercer choque, un coche patrulla mostró interés en mí. Como yo no era capaz siquiera de encontrar el permiso de conducir y los papeles del coche en la abarrotada guantera, fui detenido en el acto.

Tenía tres opciones. Podía hacer la prueba de alcoholemia o darles una muestra de orina o de sangre. Aunque el alcoholímetro es lo menos intrusivo, en ese momento no parecía una buena idea. Yo estaba bebido, y un test instantáneo lo revelaría al instante. La sangre estaba descartada; en ese medio hay demasiada información personal almacenada. Así que escogí la prueba de la orina.

Pasé los siguientes cuarenta minutos en la parte de atrás de un coche patrulla con las manos esposadas a la espalda mientras ellos cumplimentaban todo el papeleo necesario, que resultó ser considerable. A continuación, condujeron durante una hora hasta la Prisión de Alameda County, donde se ocuparon de mí por espacio de otros veinte minutos. Esta larga demora acabó teniendo sus ventajas.

En la recepción, me encontraron una bolsita donde se suelen guardar pequeñas cantidades de cocaína, uno o dos gramos. Querían saber qué hacía yo con eso. De hecho, lo llevaba conmigo desde Santa Cruz para meter exactamente lo que ellos sospechaban, si bien no llegué (por suerte) a efectuar la compra. En todo caso, esa no era la historia que tenía previsto contar. Yo era entomólogo, les dije, y de vez en cuando me encontraba en la carretera insectos interesantes. Esos hatillos eran de lo más práctico para guardar especímenes, pues los mantenía tranquilos e intactos. No me creyó ninguno de los agentes, pero la mentira me permitió mirarles a los ojos y ofrecerles un relato. Mientras tanto, un poli no pudo controlarse y lamió el interior de la bolsita, sin duda en busca del éxito. Este bioensayo confirmó la ausencia de cocaína al tiempo que borraba cualquier prueba que hubiera podido existir.

Ahora iban a hacerme el análisis de orina. Me dijeron que primero vaciara totalmente la vejiga. No daba crédito a mis oídos. Si Jesucristo se me hubiera aparecido y me hubiera santificado, no me habría sentido más dichoso. Estaba a punto de soltar dos galones con el sesenta por ciento de alcohol, dejando para la prueba posterior algo mucho más ligero que metieron en una bolsa y preservaron debidamente. La larga primera meada también me dio la oportunidad de tirar por el váter un poco de hierba que sí *había* llegado a comprar.

Por desgracia, entonces desperdicié toda esa suerte haciendo una estupidez. Me hicieron sentar en una silla mientras un agente situado en diagonal al otro lado de la sala rellenaba más papeles. Me palpé los bolsillos y descubrí cuatro colillas, los patéticos extremos de porros parcialmente quemados que los desgraciados como yo guardan cuando no tienen otra cosa. Como eso bastaría para formular una acusación por tenencia de marihuana, me registré con cuidado mientras, sin darme cuenta, el agente observaba todos mis movimientos por el rabillo del ojo. De repente me metí los cuatro porros secos en la boca y empecé a masticar. El hombre saltó al punto y me agarró la garganta para impedir que me tragara más o menos la mitad de las remojadas colillas.

«¿Qué te has metido en la boca?», preguntó. «Algo que quiero tragarme», contesté. Acabó sacando una diminuta bola triturada, por lo que más tarde, cuando la prueba de la orina revelara que solo tenía el 0,08 por ciento de alcohol, el límite legal, podrían aumentar la acusación y hablar de conducción bajo la influencia de «alcohol y drogas», lo cual tendría para mí las mismas consecuencias que una condena por conducir borracho. Después dijeron haber perdido el material para las pruebas de THC, y me soltaron con una multa de cuatrocientos dólares por conducción peligrosa, «seca», es decir, que conducía mal pero no debido a la influencia de las drogas ni el alcohol. Exactamente lo contrario de la verdad, desde luego.

En cualquier caso, esa noche fui encerrado en una celda cuya puerta abrían los guardias con regularidad para hacer entrar cada vez a otros dos presos. Los hombres nuevos iban siempre desnudos de cintura para arriba y se dejaban caer al suelo cada dos minutos para hacer veinte flexiones antes de seguir rondando alrededor de la celda. Los agentes nos daban a entender así a los demás lo que nos esperaba si decidíamos pasar más tiempo en su compañía.

Descansé toda la noche tendido de lado con un ojo abierto. Por la mañana, tras ponerme en libertad, me indicaron una parada de autobús situada a casi un kilómetro, donde podría encontrar un transporte que me llevara hasta donde había sido remolcado mi coche. Más tarde, hice el viaje de vuelta sin novedad, con mucho menos alcohol en la sangre que a la ida.

Diez días encerrado en Half Way Tree, Kingston

El período más largo que he pasado encarcelado fue uno de diez días en Kingston, Jamaica. Estar encerrado en tu país supone una serie de cosas: allí conoces las normas, es fácil conseguir ayuda y sabes cómo ponerte en contacto con abogados y cuáles son sus tarifas. Pero estar preso en un país extranjero es algo completamente distinto. Estás tranquilamente alojado en el imponente hotel Pegasus, respaldado por tu tarjeta de crédito, y de pronto te encuentras detenido en la cercana comisaría de Half Way Tree, acusado de «fraude con tarjeta de crédito». No tienes ni idea de cuáles son tus derechos en este país, especialmente en una situación así. No sabes el número de teléfono de ninguno de los tres «hombres importantes» de Southfield que acaso estarían dispuestos a pagar tu fianza para que saliera sen libertad. No conoces a ningún abogado disponible, ni siquiera eres consciente de todo el bien que te haría tener un abogado. Sin embargo, lo que sí aprendes enseguida es que el grave delito de la tarjeta de crédito conlleva el castigo potencial de nueve meses de reclusión en una cárcel jamaicana.

Sucedió así: era la primavera de 1996, y llevaba dos días alojado en el Pegasus. El Pegasus es un hotel grande y lujoso, situado en el centro de New Kingston, propiedad del gobierno en un sesenta por ciento. En aquella época, la misma habitación tenía dos tarifas: una para los extranjeros, a trescientos dólares la noche, y otra para los autóctonos, a cien. Como me había casado con una jamaicana en 1975, tenía derecho a la tarifa de los autóctonos. Además, tenía un carnet de conducir jamaicano que exigía tener un número de identificación a efectos fiscales, etc. Blanco y en botella. En esa isla, yo siempre había pagado la tarifa local; la última vez, dos meses antes en el mismo Pegasus.

Pero en esa ocasión iba a ser diferente. Llevaba hospedado ya dos días en el hotel cuando al intentar entrar en mi habitación descubrí que no podía abrir. La llave no funcionaba. Convencido de que se trataba de un error sin importancia, me dirigí al vestíbulo y me dijeron que no podía entrar porque no había pagado la factura. Esta se había hinchado hasta los mil dólares, y mi tarjeta de débito, a la que ahora ellos accedían por primera vez, no permitía el pago de esta cantidad. Ni por un momento me dejaron hablar de la diferencia entre los cien dólares que yo debía y los trescientos que querían cobrarme. Tampoco me dejaron entrar en la habitación, pese a demostrarles que tres meses atrás había pagado la tarifa jamaicana en ese mismo establecimiento. Al cabo de un rato, como era de esperar fui detenido, acusado de fraude con la tarjeta de crédito (aunque no acababa de entender cómo se podía realizar eso con la tarjeta de *débito*), y me encerraron en las instalaciones de la avenida Maxfield, en Half Way Tree.

Pasaría diez días encerrado por la cuestión relativamente insignificante de qué tarifa era de aplicación en mi cuenta de hotel. Si me hubiera encontrado con otro ánimo, seguramente lo habría solucionado tomando la vía «clase alta»: muy bien, habría dicho, tenemos una diferencia de opinión sobre la tarifa, quédense con mi tarjeta de débito y también con mi pasaporte, y en la fecha tal o cual cuando me ingresen el salario mensual se pagará la cuenta; y entonces tendrán su dinero, y yo recuperaré mi tarjeta y mi pasaporte y explicaré todo el asunto a mi abogado. Sin embargo, tomé la vía «clase baja»: me impiden entrar en mi habitación pese a haber pruebas que rebaten su postura, pues váyanse a la mierda. Lo que más furioso pone a un hombre es una contradicción manifiesta.

Me permitieron hacer una llamada, pero como no conocía a ningún abogado en Jamaica ni podía llamar a ningún amigo a esa hora, telefoneé a un abogado de Estados Unidos, que no me hizo ningún caso cuando le supliqué que me encontrase en Kingston un letrado que garantizara el pago de la factura y consiguiera mi libertad mientras decidíamos sobre el asunto. Al día siguiente no tenía un céntimo ni números de teléfono a los que llamar, y encima ninguno de mis amigos o familiares de Estados Unidos sabía que estaba encerrado. Solo una amiga reciente de Cornwall Mountain, Westmoreland, se preguntaba con qué clase de situación se había topado cuando lo que tenía que ser una agradable estancia en un hotel de Kingston había acabado con la encarcelación de su amigo.

Cuando me llevaban al calabozo, se saltaron la primera planta y me subieron a las suites relativamente lujosas de la segunda. Se pararon frente a una jaula de hombres jóvenes, unos ocho o nueve apretujados en un espacio pequeño, un hervidero de energía y agresividad. Menos mal que los celadores me condujeron a una celda de la derecha, donde me reuní con cinco hombres más mayores en un cubículo pensado para cuatro. Dos de ellos tendrían cuarenta y tantos años, por lo que de inmediato el ambiente fue más acogedor. Había solo un chico joven, musculoso, de gesto impaciente.

Se veían dos series de literas de acero, es decir, tablas planas donde podías descansar, pues el suelo estaba mucho más frío. Como en la celda éramos cinco o seis hombres, a veces tenía que haber más de uno en una «cama». Cuando te tocaba compartir una de esas camas, como me pasó a mí, dormías con las piernas hechas un ovillo para no tocar al compañero, que adoptaba la misma postura.

Más adelante llegué a saber que en realidad estaba en un sector de la prisión que equivalía a la zona VIP. Si continuabas hacia la derecha de mi bloque de celdas, estas iban desde las razonablemente malas, como la mía, hasta las sorprendentemente agradables. Eran las celdas de primera clase. En el extremo había una con un sofá y una silla acolchada, donde solía verse a un solo ocupante leyendo, a veces atendido por guardias. Las ventajas, cabe suponer, del dinero y la posición social.

Averigüé lo malas que eran las celdas de abajo solo cuando nos condujeron a varios a través de ellas la mañana en que debíamos comparecer ante el juez. Aquí había celdas a ambos lados de un pasillo principal, la mayoría llenas de bolsas de arpillera y ocupadas por muchas más personas que las nuestras, doce o quince en cada una, casi todos jóvenes adolescentes o de veintipocos años. Apiñados en el minúsculo espacio, cuando nos vieron arrastrando los pies con los grilletes reaccionaron como monos: saltaban, chillaban, insultaban, suplicaban. En cada lado de los habitáculos había una especie de alcantarillas por las que correrían excrementos y desechos. Nosotros contábamos con retretes separados a los que podíamos ir tras pedir el correspondiente permiso. Así que estábamos ante una verdadera asquerosidad, un espacio fétido, superpoblado, a rebosar de hombres apretujados, un horror. Sabiendo por experiencia que en una situación así la mejor estrategia era no dar ninguna respuesta (en el lenguaje de la teoría evolutiva, no dar ninguna respuesta es una estrategia evolutivamente estable, EES por sus siglas en inglés), nos encorvamos, no dijimos nada y seguimos avanzando despacio en dirección al tribunal.

La comida era aún peor que las condiciones para dormir. Si había carne, estaba en mal estado, lo que volvía el plato incomible. Una mañana anunciaron *callaloo*, y pensé que era buena señal. El *callaloo* es una especialidad jamaicana, un cruce entre berza y espinaca, con un montón de vitaminas. Como no esperaba que contuviera tomillo ni otras especias, no se me ocurría de qué manera podían echarlo a perder, así que me serví un buen cucharón: estaba demasiado salado, y no nos habían dado agua para acompañarlo. Actuaban a todas luces con maldad, desperdiciando recursos adrede para hacer daño. Al fin y al cabo la sal cuesta dinero. Con el *callaloo* venían unos panecillos blancos y gordos, pero mis compañeros internos me avisaron de que ahí era donde el personal ocultaba los sedantes, por lo que si quieres una experiencia carcelaria casi comatosa, ventílate todos los panecillos que puedas. No sé si era verdad, pero a lo largo de mi vida ya había tomado suficientes sedantes a la fuerza, por lo que desistí.

Por una amarga ironía del destino, más adelante, liberado ya del cautiverio y viviendo en el mundo exterior, leí en el principal periódico de la isla, *The Gleaner*, un escandaloso artículo donde se condenaba el hecho de que, según el presupuesto hecho público por el Departamento de Prisiones del gobierno, cada preso estaba mejor alimentado que la cuarta parte más pobre de la isla. Esto en un país donde con unos cuantos ñames y mangos puede uno superar fácilmente épocas de penuria. Nosotros habíamos sido alimentados muy por debajo de ese mínimo, por supuesto. Pero como se sabía que todo el presupuesto jamaicano era un cuento, pues en todos los proyectos se desviaban fondos, ¿esperaba alguien de veras que el gobierno protegiera el dinero destinado a los prisioneros?

Juez McIntosh

Tiempo después me enteré de que mi juez, el juez McIntosh, tenía merecida fama de ser uno de los más crueles de la isla. A mí me asombraba su perversa brutalidad, sin duda. Recuerdo una ocasión en que al principio pareció mostrarse indulgente y tener intención de poner en libertad inmediatamente a un joven africano occidental por haberse quedado siete meses más de lo permitido por su visado, un delito insignificante; pero al cabo de unos días, condenó a ese joven a dos años de cárcel. Nos dolió a todos. Pasamos de felicitarle –¡pronto estarás en Ghana!– a no decir nada en absoluto (pronto llegarás al infierno).

A mí me trataban con cierto respeto como hombre blanco y ciudadano norteamericano, desde luego. Cuando dije que no tenía abogado y que no me habían dado la posibilidad de llamar a nadie para pedir ayuda, el juez señaló a una sargento de policía bastante atractiva y soltó un «¡cómoooo!» que por poco tira la casa, pero no pasó nada más. La mujer jamás se puso en contacto con ninguna de las personas de Southfield cuyos nombres y teléfonos le di y que probablemente habrían pagado mi fianza.

Mientras estuve en la cárcel de Kingston, mi rutina diaria era como sigue: me sacaban del bloque de celdas a eso de las siete de la mañana, esposado junto a otros presos que debían comparecer ese día ante el tribunal, y nos conducían hasta las celdas de tránsito aledañas. Allí nos quitaban las esposas. Iban llegando otros detenidos procedentes de diversas comisarías de Kingston, Three-mile, Six-mile, Greenwich Town, Rollington Town, etc. Por lo general se trataba de hombres más jóvenes, llenos de vitalidad cuando no de agresividad. No sería un viaje más en la vida de aquellos chicos. Todos estábamos a punto de comparecer ante el juez, cada uno con su propia causa. A todos nos gustaba colocarnos en una repisa algo elevada para ver algo por la única rendija que había.

A lo largo de la mañana, nos sacaban de las celdas y nos llevaban en grupos pequeños al juzgado, donde permanecíamos en una zona de espera contigua a la sala de juicios. Yo siempre era el último o el penúltimo de la fila, por lo que a veces no entrábamos a declarar ante el juez hasta después de la una del mediodía, cuando llevábamos veinte horas sin comer nada y apenas podíamos mantenernos en pie. Así era nuestra interacción diaria, tal como la parodiaban mis compañeros:

McIntosh: «¿Has visto el dinero?»

Yo: «¿Cómo voy a tener el dinero, señor? ¿No soy un preso, señor?»

McIntosh: «Detenido hasta el tribunal de mañana».

La Biblia de bolsillo

Si uno de nosotros no hubiera tenido una Biblia de bolsillo –los cuatro Evangelios, los Salmos, los Proverbios y el Eclesiastés–, no sé qué habría pasado. Al menos una vez al día, o más de una, se la pedías a su propietario, estudiabas un salmo, una oración o lo que fuera, y se la devolvías. Organizábamos incluso oficios religiosos dominicales. Uno leía un párrafo, otro rezaba una oración y un tercero hacía la reflexión del día. Solo nos faltaba un coro, algo que sin duda nos habría gustado. A veces llevo conmigo una Biblia de bolsillo, y si alguien me pregunta, contesto que solo voy preparado por si me encarcelan de repente. Mi parte favorita es el Eclesiastés; casi todas las líneas encajaban con algún aspecto de mi vida, aunque pocas tanto como en 12:12: «El hacer muchos libros no tiene fin, y el mucho estudio es fatiga de la carne».

Cuando el entonces gobernador George Bush se mofó de una mujer que se había convertido al cristianismo diciendo que eso era solo una «conversión carcelaria», me puse furioso. En algunos círculos, es una mentira habitual eso de que los presos dicen haber encontrado a Dios para influir en la junta de libertad condicional o, en este caso, en el propio gobierno. Harto improbable. Bush no había estado un solo día en la cárcel, pese a sus delitos de tráfico o por consumo de cocaína, siempre protegido por el nombre de su familia. Precisamente se decía de él que se había convertido al cristianismo, pero no había aprendido clemencia. La mujer de cuya religión él se burlaba no había matado directamente a nadie. Pertenecía a un grupo de unos diez individuos, dos de los cuales eran responsables de haber matado a dos personas durante un robo. Según la teoría de la responsabilidad compartida, fue declarada culpable de homicidio preterintencional y condenada a muerte, mientras los dos asesinos eran condenados a cadena perpetua sin libertad condicional.

Bush no tenía intención de conmutar la pena de muerte de la mujer por cadena perpetua. Desde entonces he pensado que ese personaje merecía morir, y en 2000 supe que un ser sumamente peligroso había sido elegido para liderar el «mundo libre». Y cuando Estados Unidos invadió Irak en 2003, y Bush tuvo que ordenar ataques aéreos en Bagdad y alrededores sabiendo que causarían considerables daños civiles, autorizó todos y cada uno de ellos. De modo que ya lo tenemos: el supuesto cristiano incapaz de mostrar compasión por una mujer con una responsabilidad criminal mínima decide castigar al país equivocado de la manera equivocada en la región equivocada por el crimen equivocado.

Si no encuentras a Jesucristo, a Mahoma o a Moisés en la prisión, no vas a encontrarlos en ninguna parte, créeme. Una explicación de que descubras a Dios Todopoderoso en la cárcel es que lo necesitas: allí ten por seguro que nadie más vela por tus intereses. Y mientras estás en reclusión necesitas algo positivo en lo que concentrar tus pensamientos, alguien que esté contigo dentro de la celda pero también fuera.

Además de la religión, la segunda cosa más útil en la cárcel era el dinero. Si no te lo había robado algún compañero, podías utilizarlo para hacer llamadas telefónicas o comprar comida y tabaco. Cada noche, se permitía salir de la celda a varios internos que, mientras los demás permanecían encerrados, pasaban gritando «¡dos con caja por cuarenta!» (dos en una cajetilla de cigarrillos), «dos solos veinte», «dos en un envoltorio treinta!»… Los precios solían disminuir a medida que avanzaba la noche, de modo que al final podías conseguir un paquete de dos por solo veinte dólares. Los precios adicionales por la cajetilla o el envoltorio ponían de manifiesto la pobreza en la prisión: como no tenías sitio para guardar tus pertenencias, un paquete de cigarrillos era un artículo de gran valor.

Al no tener dinero, yo vivía de la amabilidad de los hombres más mayores, todos ellos acusados de delitos menores relacionados con la cocaína, y cada uno con una esposa o novia que le traía comida y tabaco. Aquellos hombres fueron mi salvación. Cada uno compartía conmigo un poco de su cena así como sus cigarrillos, y no hay nada como la cautividad para que te entren ganas de fumar. La nicotina es una sustancia química de acción directa en la supervivencia bajo presión, mucho más efectiva que la hierba o drogas más fuertes. También me aconsejaban que durante el día me quedara en la celda y que no me juntara con los que deambulaban por ahí. Mejor permanecer en la celda, meditar, leer la Biblia de bolsillo y no relacionarse demasiado con los más jóvenes.

El día de mi liberación

Me pusieron en libertad el día que apareció mi sobrino con los mil dólares a los que ascendía la cuenta del hotel. El juez aceptó el dinero y me declaró puntualmente culpable de «fraude con tarjeta de crédito». Jamaica es quizá el único país en el que es posible que te condenen por fraude con «tarjeta de crédito» por usar tu tarjeta de débito. La multa de cien dólares fue pagada al punto y quedé libre, y entonces compañeros de muchas celdas con los que apenas había hablado empezaron a alargar la mano a través de los barrotes para tocarme y desearme feliz viaje hasta que hube cruzado la puerta.

Tras diez días de calabozo había perdido más de cinco kilos. Parecía lo que los jamaicanos llaman un «perro flacucho», es decir, un perro canijo al que le asoman las costillas. Como también tenía los nervios destrozados, era incapaz de marcar siete dígitos en un teléfono; lo tenía que hacer alguien por mí. Y eso no era porque en la cárcel alguien hubiera intentado importunarme o a amenazarme; como mucho se había producido algún cruce de miradas o algún improperio, pero nada grave.

Los presos más veteranos me habían recomendado que evitara la falsa ilusión de que tendría más libertad en la jaula más grande que se abría para nosotros cada mañana. Aunque era de mayores dimensiones, en términos relativos contenía más hombres, más jóvenes y agresivos. Era una invitación al conflicto y la complicación… ¿y para qué? ¿Ofrecía algo que valiera la pena, aparte de algo más de espacio para moverte, algo que podías conseguir sin dificultad en tu propia celda? Tal vez sea esa una de las razones por las que las flexiones de brazos son tan habituales en la cárcel.

Mi reclusión tampoco era solitaria. Cada celda estaba concebida para ser más pequeña de la cuenta, considerando el número de sus ocupantes, y como la mayoría de nosotros no recibíamos ninguna visita, acabábamos dependiendo unos de otros para tener compañía.

No, lo que había degradado mi estado mental y emocional eran los diez días de falta de comida, de falta de movimiento, de falta de libertad… y encima la permanente amenaza de ser encarcelado en un mundo exclusivamente masculino. No entré en el calabozo en las mejores condiciones. Y salí mucho peor.

Me gusta creer que yo ya sentía compasión por los prisioneros antes de esta dura experiencia, pero ahora sé que me siento muy solidario con ellos; algunos merecen estar ahí, muchos otros no, pero para todos es una vida dura. También pienso así con respecto a los animales en cautividad. No solo los chimpancés, sino también los cerdos, los pollos y quién sabe cuántos más. Estar atado y encerrado, sin poder siquiera darle un nuevo rumbo a tu vida, no es lo que la selección natural ha estado favoreciendo durante millones de años.

Sin embargo, la selección tampoco ha favorecido la privación completa de todo contacto humano, ni de todo contacto con la naturaleza. La Constitución de Estados Unidos prohíbe el «castigo cruel e inusual», aunque no especifica lo inusual que es construir científicamente un entorno carente de buena parte de los estímulos sensoriales que los seres humanos necesitamos como fruto de nuestra evolución. Si lo pensamos bien, vemos que esto es asimismo sumamente cruel.

14

Estampas de biólogos evolutivos famosos, grandes y pequeños

Vale realmente la pena recordar algunas de las siguientes personas por sus grandes logros y el modo en que los alcanzaron; a otras no. En cualquier caso, todos eran muy conocidos en su época, como lo son hoy, y algunos INCLUSO tuvieron un ascendiente excesivo. Ya he descrito los casos paralelos de Ernst Mayr y Bill Drury. Bill fue la influencia más importante de mi vida, pero, a diferencia de Ernst, apenas fue conocido por el gran público. Las personas citadas a continuación influyeron en mí de algún modo, en algún momento de mi vida, en mayor o menor medida, para bien o para mal.

Richard Dawkins

Conocí a Richard de la manera siguiente: estaba yo en Jamaica durante mi año sabático, 1975, cuando recibí una carta de un tal Richard Dawkins, acompañada de un artículo escrito por él mismo y Tamsin Carlisle donde se señalaba que, en mi trabajo sobre Inversión Parental y Selección Sexual, había caído en la Falacia del Concorde, lo cual era verdad. La Falacia del Concorde se basa en que, como te has gastado diez mil millones en una mala idea –el Concorde–, tienes que invertir otros cuatro mil con la esperanza de que así funcione. En el póker, la regla es esta: «No pierdas más dinero para recuperar lo perdido», o «no pongas dinero bueno tras el malo». El dinero bueno es dinero que todavía tienes, el malo está perdido; ya no es tuyo. El mero hecho de que tengas 300 dólares apostados (dinero perdido) no significa que debas añadir otros 200 con todas las de perder. Cada decisión ha de ser calibrada racionalmente solo en función de beneficios futuros, no de costes irrecuperables pasados.

En mi artículo sostenía que, como las hembras casi siempre comienzan con una mayor inversión que los machos en la descendencia, esto las compromete a hacer inversiones posteriores: es menos probable que abandonen a los hijos. Es decir, la simple Falacia del Concorde: solo importan los beneficios futuros. Me consolé a mí mismo pensando que seguramente habría un sesgo sexual similar al que había propuesto yo, pero solo porque la inversión pasada había limitado oportunidades futuras. En cualquier caso, contesté diciendo que coincidía con ellos en todo.

Pronto recibí de Richard una segunda carta según la cual su verdadera finalidad al escribirme era, en parte, saber si yo estaría dispuesto a escribir el prólogo de un nuevo libro que acababa de escribir, *El gen egoísta*. Esto era especialmente adecuado, me dijo, pues mi trabajo, más que el de ningún otro, aparecía en su libro. La madre que me parió, pensé, y me mandó el manuscrito. Había capítulos, en efecto, basados en artículos míos: «Batalla de las generaciones» (conflicto padres-hijos), «Batalla de los sexos» (inversión parental y selección sexual), «Tú me rascas la espalda, yo montaré en la tuya» (altruismo recíproco). Nunca me engañé a mí mismo pensando que mi trabajo era más importante que el de Bill Hamilton, tampoco Richard, pero los dos sabíamos que si querías conocer algunos de los detalles divertidos de diversos ámbitos –no el de las hormigas, las avispas de los higos ni la vida bajo la corteza de los árboles, sino temas sociales que nos importan–, mis estudios eran mejores que los de Bill.

Además, Richard mostraba una agradable combinación de dominio absoluto del material con una manera estupenda de expresarlo –graciosa, precisa, vívida–. Pondré un ejemplo. Exponía la idea de Hamilton de que un gen –o un grupo de genes muy conectados– podía evolucionar si podía reconocerse a sí mismo en otro individuo y luego transferir una ventaja basándose en la semejanza fenotípica. Pero Richard añadía una imagen muy gráfica; lo denominaba el «efecto de la barba verde». El nombre enseguida se puso de moda en la literatura científica, por lo que actualmente todos (incluso cuando hablan de bacterias) hacen referencia a los genes de «barba verde». El rasgo fenotípico es evidente: la barba verde. Y el sesgo genético también: favoreces individuos con la barba verde. Los genes se propagan a un ritmo acelerado. Sin embargo, ¿qué pasa con un mutante que abandona tu barba verde intacta pero se lleva tu sesgo a individuos con barba verde? No está nada claro, pero la vívida escritura de Richard ayudaba a analizar detenidamente los aspectos complejos.

Entonces me dije: vale, escribiré tu prólogo aunque no te conozca de nada. Redacté unos buenos cinco párrafos, pero aquello consumió casi un mes de mi vida, en parte porque en realidad me gusta pensar antes de escribir, lo que ralentiza el ritmo de la escritura –aunque también dosis elevadas de THC causan ese efecto–. En cualquier caso, tan pronto hube terminado miré el esbozo consternado. Había logrado reprender a nuestros amigos pseudomarxistas diciendo que eran «contrarrevolucionarios» mientras los auténticos revolucionarios éramos nosotros, al menos en lo concerniente a los más desamparados: niños, mujeres y la mitad inferior del orden social. Aun así, ¿cómo es que había desperdiciado tanto tiempo en una tarea tan trivial a cambio de un efecto tan pequeño? ¿Podía sacar yo de ese esfuerzo algún beneficio personal?

¿Por qué no incluir el concepto del autoengaño, pensé, cuya función había vinculado yo por aquel entonces a engañar a los demás? Lo consideré la solución a un importante rompecabezas que durante milenios había acosado a la mente humana. Y Dawkins, bendito sea, difícilmente podía habérmelo puesto mejor al poner de relieve el engaño en su libro: «... si (como sostiene Dawkins) el engaño es fundamental en la comunicación animal, debe de haber una rigurosa selección para detectarlo, y ello implica, a su vez, una selección que favorezca el autoengaño, permitiendo que algunos hechos y motivos permanezcan en la esfera de la inconsciencia para no traicionar –mediante los sutiles signos del conocimiento de uno mismo– el engaño que se esté llevando a cabo. Por tanto, la idea convencional de que la selección natural favorece los sistemas nerviosos que producen imágenes del mundo cada vez más precisas acaso sea una visión muy ingenua de la evolución mental».

Perfecto, y ni siquiera en un artículo mío sino en el libro de otro, y encima un superventas increíble. Por otra parte, como era de esperar, en 1979 Richard Alexander sacó una versión de mi razonamiento, por lo que Dawkins me dio prioridad para una idea que, a mi juicio, era una percepción esencial de la evolución mental, no reconocida hasta ese momento. Siempre le he estado agradecido por esto. De hecho, entonces fue lo bastante amable para felicitarme por haber añadido una idea nueva a su libro. No fue hasta 1985 cuando expuse la cuestión con más detalle. Pero lo hice en un capítulo de treinta y cinco páginas de un libro de texto sobre la evolución social, y como casi nadie lee libros de texto en busca de ideas nuevas, permaneció en un segundo plano durante otros veinticinco años.

Sí resté importancia a dos de sus ideas que más adelante acabé valorando. Los memes no son elementos genéticos que se propaguen porque sean imitados. Yo quería que los genes controlaran más. Un gen que propaga un meme lo transmite de inmediato a los que carecen del gen, por lo que cabe esperar que al principio las interacciones meme/gen sean complejas.

De todos modos, hace poco que el concepto ha empezado a gustarme. Al menos tenemos buenos datos cuantitativos sobre memes que se sustituyen unos a otros sin ningún sesgo genético evidente. El «sexo» ha sido reemplazado por el «género», primero en las humanidades y las ciencias sociales y ahora en la biología propiamente dicha (David Haig), como término utilizado para hacer referencia al sexo de un organismo, donde «sexo» se refiere a si el organismo produce óvulos o espermatozoides/polen. En cambio, el «género» lleva siglos relacionado con el sexo de las palabras más que con los organismos: amigo, amiga, son géneros diferentes de la misma palabra. De hecho, hay idiomas en los que los géneros de las palabras no tienen nada que ver con el sexo –puede que los riñones sean masculinos, los pulmones neutros, el hígado femenino y así sucesivamente–. A mi entender, lo que subyace a este cambio es un deseo de minimizar la biología de las diferencias sexuales, en contraposición a la sociología. Si las palabras que usamos para las diferencias sexuales aluden solo a las que utilizamos para palabras, los factores medioambientales son preponderantes. Sin embargo, hay aquí algo irónico, pues actualmente estamos siendo testigos de una época de múltiples géneros, no sexos, y de individuos de «género trans», o «transgéneros». He suavizado un tanto mi oposición a esta tendencia verbal.

Otro interesante ejemplo de memes de Richard en acción procede de la llamada «rueda del eufemismo» sugerida por Steven Pinker. Empiezas con un eufemismo como «toilet [lavabo]», que originariamente significaba «towel [toalla]», como en el maquillaje o el acicalamiento. Sin embargo, la palabra está tan vinculada a su nuevo significado que ha acabado dando a entender lo que quieres ocultar, con lo que precisas un eufemismo nuevo. «Lavabo» se convierte en «cuarto de baño», donde te bañas, pero esto es un poco personal, de modo que llega a ser «restroom» [servicios, aunque literalmente es 'habitación para descansar'], donde echas una cabezadita. Los memes cambian de una forma ordenada. Ocurre continuamente a nuestro alrededor. Los conserjes pasan a ser ordenanzas. Los operadores acaban siendo auxiliares de información. A saber a qué extremos se llega en los tramos medio y superior de las burocracias. Hace poco he visto que, por lo general, los memes resultan más potentes cuanto más inconscientes son. Incluso la rueda del eufemismo es inconsciente en parte, si bien los más efectivos son los asociados a la raza, la religión, la clase o la nacionalidad. Es probable que aquí residan memes inconscientes profundamente sesgados (a medias o del todo) con claros efectos individuales y grupales.

Richard ponía asimismo el acento en el «fenotipo extendido», una idea que yo también menosprecié al principio. El concepto está muy claro. La mayoría de las aves construyen nidos, y si te sitúas a unos centímetros de mí y tienes sentido del olfato, comprobarás que yo también tengo un fenotipo extendido. Su libro sobre el tema era una revisión excelente. Muy pocas personas saben que los parásitos han evolucionado para manipular nuestra conducta en su beneficio. Los parásitos cuya siguiente fase es un ave piscívora han evolucionado para hacer que los peces en los que se hallan naden cerca de la superficie, de lado, lo que incrementa las posibilidades de que sean ingeridos precisamente por el próximo anfitrión del parásito. Y que yo sepa, cuando uno está enfermo de gripe –sin síntomas pero en fase muy contagiosa–, de forma natural, en una fiesta, se acerca a la gente más de lo acostumbrado. En todo caso, ¿qué añadía el término «fenotipo extendido» al debate?

Según un reciente trabajo sobre la teoría evolutiva del cáncer (Paul Ewald), el concepto de fenotipo extendido tiene una utilidad cuantitativa y conceptual que ignoraba. Pensemos en un tumor. Evoluciona en un microentorno constituido por el organismo mayor. En este entorno, y en su propio provecho reproductor, desarrolla trucos nuevos para manipular a su anfitrión. Las células tumorales necesitan nutrientes y flujo sanguíneo igual que las otras –de hecho, cuanto más malignas, más necesitan–. El tumor no desarrolla estas estructuras por sí solo, desde luego –es un fenómeno con fecha de caducidad–, por lo que expropia las producidas en su microentorno por el organismo mayor. En el lenguaje de Dawkins, extiende su fenotipo para incluir una serie de vasos sanguíneos que lo sustenten. El tumor saca asimismo provecho de la extensión de su fenotipo mediante diferentes clases de tejidos, entre ellos barreras celulares evolucionadas parcialmente en su contra para terminar en una matriz celular, dentro de la cual el cáncer puede desarrollarse con la finalidad de tener efectos positivos en su propia propagación al manipular algunas de las muchas sustancias químicas de la matriz.

Cuando me enteré de que Dawkins se había enfrentado a la religión en nombre de la ciencia y el ateísmo, pensé que había encontrado por fin su verdadero nicho intelectual. Nadie podría seguir su ritmo de ninguna manera. El 13 de junio de 2011, estaba empezando impartir una conferencia Tinbergen en Oxford, cuando, como de costumbre, traspapelé algo en el atril y farfullé un «Dios santo» que el micrófono amplificó para los cuatrocientos asistentes. Entonces alcé la vista y dije: «Espero que Richard Dawkins no haya venido». Richard levanta la mano. Entonces le felicito por proponer que en el sistema de autobuses de Londres se pusieran máximas librepensadoras, algo que yo admiraba de veras. Eran cosas muy suaves, como: «Seguramente Dios no existe. Deja de preocuparte y disfruta de la vida». O más delante, desde una perspectiva infantil: «No me etiquetes, por favor. Déjame crecer y decidir por mí mismo». Y dirigiéndome al público, añadí: «Creo que Richard Dawkins es un profeta menor enviado por Dios con la misión de torturar a los crédulos y los mentecatos, y que tiene un talento excepcional para hacerlo». Y así es, sin duda. En su libro sobre el ateísmo, una idea interesante es que, como la mayoría de las personas rechazan todas las religiones menos una, ¿por qué no dar el paso final?

W. D. Hamilton

Para mí, Bill fue quizá el mayor teórico evolutivo después de Darwin. En lo concerniente a la teoría social basada en la selección natural, sin duda fue nuestro pensador más original y profundo. Su primer trabajo, de 1964, que esbozaba la teoría de la aptitud inclusiva, resultó también el más importante. Es el único avance de verdad desde Darwin para nuestro conocimiento de la selección natural y una inevitable ampliación de la lógica darwiniana. La idea viene a ser esta: como los padres están relacionados genéticamente con los hijos, los incrementos en el éxito reproductor se reflejan en aumentos de algunas frecuencias genéticas en la naturaleza. No obstante, como estamos emparentados con nuestros hermanos carnales tanto como con nuestros hijos, si aparece un gen que vaya a provocar un incremento del número de hermanos a costa de la pérdida de más o menos el mismo número de hijos, este gen se propagará. Una consecuencia destacable del trabajo de Hamilton es que, en casi todas las especies, no cabe esperar que un individuo tenga un interés personal unitario, pues los elementos genéticos se heredan conforme a reglas distintas, con el cromosoma Y del hombre que va a los hijos varones mientras el X va solo a las hijas junto con el ADN mitocondrial.

La idea de que el parentesco genético lateral, por ejemplo, entre hermanos o primos, pueda tener repercusiones importantes ya la habían anticipado sucintamente R. A. Fisher y J. B. S. Haldane, pero nadie la tomó en serio ni aportó ningún tipo de fundamento matemático. Este fundamento no era tan evidente como pueda parecer. Para un gen altruista raro, está claro que $rB > C$ producirá una selección positiva, donde B es el beneficio concedido, C el coste sufrido y r la probabilidad de que una segunda copia del gen altruista esté ubicada en el receptor gracias a ascendencia directa de un antepasado común. En todo caso, la cuestión no es tan obvia en las frecuencias genéticas intermedias. A medida que el gen altruista se propaga, ¿no debería relajarse el criterio para la selección positiva? Hamilton demostró que la respuesta es «no», y que su sencilla regla funcionaba en todas las frecuencias genéticas.

W. D. y yo. Bill Hamilton y yo dando juntos un curso en Harvard en la primavera de 1978. (Foto cortesía de Sarah Hrdy.)

En una ocasión, Bill contó la historia de que, siendo estudiante de doctorado, se sentó a escribir a Haldane para hacerle algunas preguntas, pero para formular cada una con precisión tenía que llevar a cabo cierto trabajo adicional, de modo que al cabo de dos años no había enviado la carta porque ya había resuelto las dudas por sí mismo.

Continuó su primer trabajo con relevantes progresos en la comprensión de cómo actúa la selección en la proporción sexual, la senectud, la agregación y la dispersión de los organismos, e incluso el altruismo recíproco. Después, Bill se dedicó a la teoría de que los parásitos son clave para generar reproducción sexual en sus anfitriones, siendo las recombinaciones una defensa contra los parásitos que coevolucionan de forma muy rápida y antagonista. En su memorable frase, las especies sexuales son «gremios de genotipos comprometidos con el intercambio libre y equitativo de tecnología bioquímica por exclusión parasitaria», algo que se ve incrementado por la elección de pareja, sobre todo en el caso de los genes resistentes a los parásitos.

Todas las grandes mentes tienen su estilo único, y Bill Hamilton no era una excepción. Mientras Huey Newton te mandaría contra la pared más lejana con la fuerza de sus argumentos, tenías que inclinarte para oír lo que Bill estaba diciéndote, de tan bajito que hablaba. Era casi como si tuviera los pensamientos apretados junto al pecho. Pero este esfuerzo de tu parte merecía la pena. Cualquier idea suya sobre cualquier asunto recompensaba la atención prestada.

En 1969, Bill fue a Harvard a dar una conferencia. Venía de un simposio «Hombre y Bestia» en el Smithsonian de Washington, donde había expuesto algunas de sus ideas más recientes sobre la conducta maliciosa en un contexto evolutivo. A nosotros iba a darnos la misma charla. En la sala, casi llena, había unas ochenta o noventa personas, la mayoría de las cuales habían acudido impacientes antes de hora. Hamilton se puso en pie y pronunció una de las peores conferencias a las que he asistido en mi vida.

Para empezar, divagó durante unos buenos cuarenta y cinco minutos sin ir al grano. El material era técnico y abstruso, nos daba la espalda a menudo mientras escribía cosas en la pizarra, costaba oírle, no tenías una visión general de adónde iba o de por qué iba hacia allí. Cuando se dio cuenta de que había sobrepasado en cinco minutos el tiempo previsto y todavía no había abordado el tema principal –ni de lejos–, bajó la vista a Ed Wilson, su anfitrión, y la preguntó si podía disponer de algunos minutos más, con unos quince bastaría. El profesor Wilson concedió el tiempo adicional, naturalmente, pero también hizo con los brazos un gesto de «a ver si vamos más deprisa». Entonces Hamilton pidió diapositivas. La estancia quedó a oscuras y se oyó un murmullo. Después un sonido seguido de un estruendo, pues aproximadamente el noventa por ciento de los presentes aprovecharon la oportunidad para escapar. Me acuerdo de ir andando a casa con Ernst Mayr, meneando los dos la cabeza. Aquel hombre era brillante, sin duda, un pensador profundo, pero qué malo hablando en público, oye.

Hamilton no era consciente de este problema. Una vez, en una clase que dábamos juntos en Harvard, dijo que tras escucharle en una charla muchos estudiantes dudaban incluso de que él entendiese sus propias ideas. Con los años mejoró bastante, pero conservaba el toque de un maestro clásico. En una ocasión, como invitado del Instituto para el Estudio de la Ley y las Ciencias Conductuales, mientras daba clase a un grupo de profesores de derecho ejecutó un truco que yo no había visto antes. Mostró varias diapositivas, interesantes pero complejas, sobre interacciones parásito-anfitrión. Tenía un micrófono de mano pero no un puntero, por lo que a veces acababa usando el micro para señalar. De modo que en ocasiones lo único que oías era algo como «aquí, como se puede ver…», y entonces con el micrófono señalaba las diversas partes de la diapositiva mientras seguía moviéndosele la boca. Y a continuación «en la siguiente diapositiva…», y volvías a no oír nada sobre las imágenes aunque sí veías al doctor Hamilton señalando animadamente varios puntos con el aparato mientras movía los labios.

Mi primera impresión de Bill fue que era físicamente fuerte. Recuerdo haber pensado que si el razonamiento se volviera físico, el combate que menos me gustaría librar contra él sería uno a empujones. Una vez regresó a Oxford desde Brasil con cortes y cardenales. Se los había hecho al plantarle cara a un hombre que intentaba robarle la cartera a punta de cuchillo. Fantaseé con que se plantaba en el suelo sin que el otro fuera incapaz de moverlo, y que se inclinaba hacia delante y le empujaba lenta y obstinadamente hacia dondequiera que quisiese llevarle. Imagino que la interacción se produjo más o menos así.

Es difícil plasmar en un papel lo maravilloso de ese hombre y la razón por la que tantos evolucionistas sentían una conexión personal tan profunda con él. Tenía la mente más sutil e intrincada que he visto en mi vida. Lo que decía solía tener un doble e incluso un triple significado, por lo que mientras los demás hablábamos y pensábamos en notas individuales, él pensaba en acordes. Tenía un estilo pudoroso unido a un sentido del humor afectuoso. En una ocasión me mandó una noticia sobre un trasplante de testículo de padre a hijo con el siguiente comentario: «¿Nuevas perspectivas sobre el conflicto padres-hijos?». La última vez que lo vi, en diciembre de 1998 en Oxford, señaló orgulloso las dos, quizá tres, especies de musgo que crecían en su Volvo –en realidad, en el parabrisas– y me dijo que esto ponía de manifiesto una clara ventaja de Oxford sobre Cambridge, que era demasiado seca.

Me encontraba yo en el Reino Unido para dar la «Conferencia Darwin» en la London School of Economics en 1998, al parecer la última que iba a celebrarse. Bill me presentó y, a lo largo de su exposición, dijo que hasta hacía poco creía que el autoengaño no era biológicamente posible. Yo pensé: «¿Dónde te criaste, en un armario? ¿Cómo se puede llegar a tu edad y no advertir el autoengaño ni hacer hincapié en el mismo?». Sin embargo, ahora creo que esto forma parte de una regla más amplia que también se me puede aplicar a mí: los que se dedican de lleno a la verdad son especialmente vulnerables a ciertas dosis de falsedad.

Desde luego Bill tenía una de las mentes más creativas que he conocido en el campo de la biología. Todavía recuerdo el día en que un estudiante de posgrado bajaba por el pasillo diciendo: «¿Has oído lo que dice Hamilton, que las bacterias usan las nubes para dispersarse?». En menos que canta un gallo pregunté: «¿Ha explicado cómo las bacterias aprovechan la lluvia para caer donde quieren?». Y así era, en efecto. Su idea me dio una lección de humildad, pues desde que empecé a ir a Jamaica, oí a la gente decir que «los árboles atraen la lluvia», luego no hay que talarlos. Y pensaba: «Pobres almas ignorantes, tenéis la correlación correcta pero la causalidad equivocada: como es lógico, donde más llueve, más fácil es que crezcan árboles». Ahora Bill sugería que los jamaicanos acaso estuvieran en lo cierto desde el principio: las temperaturas más bajas en áreas boscosas podrían ser por sí mismas una efectiva señal de lluvia.

Bill Hamilton era un naturalista con un conocimiento legendario, en especial sobre los insectos, pero también un perspicaz observador de la conducta humana hasta el nivel de las acciones más nimias que llevabas a cabo en su presencia. Una vez me preguntó si había advertido que, en los seres humanos, las expresiones faciales torcidas suelen ser masculinas. No, no me había dado cuenta, pero desde entonces no dejo de verlas. Bill murió el 7 de marzo de 2000, a los sesenta y tres años, por complicaciones tras una malaria contraída en enero, en el Congo, mientras realizaba un trabajo de campo concebido para localizar con más exactitud las poblaciones de chimpancés que habían transmitido el VIH-1 a los seres humanos, así como para estudiar el modo de transmisión. Esto debía contribuir a la teoría de que el VIH-1 se había propagado entre los niños del este de África por medio de las vacunas contra la polio. A mí esta teoría me pareció dudosa desde el principio, y en la actualidad está categóricamente refutada. Así pues, no deja de ser trágico que muriese en el intento de demostrar una falsedad. No obstante, tenía una mente, un cuerpo y un espíritu fuertes, y muchos proyectos y empeños en marcha. Lo echamos muchísimo de menos.

Stephen Jay Gould

Conocí a S. J. Gould cuando él acababa de salir de la universidad y era profesor auxiliar de paleontología de los invertebrados en Harvard y yo estudiante de posgrado de biología evolutiva. En esa época, la paleontología de los invertebrados era considerada un páramo en la biología evolutiva, pues el ochenta por ciento de los científicos se dedicaba al estudio de fósiles foraminíferos, cuya utilidad era la de predecir la presencia de petróleo. En este entorno, era obvio que Gould llegaría lejos. Con la brillante verborrea judía de la ciudad de Nueva York que brotaba de su boca a la menor provocación, seguramente dejaría huella en la disciplina.

No le visitaba yo por eso. Había oído que era un experto en «alometría»; de hecho, su tesis doctoral versaba sobre el tema. Por entonces yo quería dominar la biología, así que fui en su busca. La alometría hace referencia al modo en que dos variables están relacionadas. Puede ser 1:1 −cuanto más largo el antebrazo, más largo el brazo completo− o mostrar desviaciones. Por ejemplo, cuanto mayor es un mamífero, una mayor proporción de su cuerpo se compondrá de hueso. ¿Por qué? Porque la fuerza del hueso solo aumenta en función del cuadrado de su anchura, mientras que el peso lo hace en función del cubo. Por tanto, los cuerpos grandes, al pesar más, requieren más hueso en términos relativos. Sin embargo, ¿qué pasa con el tamaño de la cornamenta? ¿Cómo es que cuanto mayor es el tamaño corporal del ciervo, mayor es *relativamente* la cornamenta? ¿Por qué favorecería esto la selección natural?

Gould se reclinó en la silla. No, tu planteamiento es erróneo, dijo. Esto es una *alternativa* a la selección natural, no una causa de la misma. La cabeza me daba vueltas. ¿La selección natural era incapaz de cambiar una simple relación alométrica concerniente al tamaño de una cornamenta que, al parecer, había creado desde el comienzo? ¿No había hecho ya eso al ajustar el tamaño de los huesos al tamaño corporal? Tras abandonar su despacho, me dije para mis adentros: «Este idiota se cree más importante que la selección natural». Quizá tendría que haber sido más preciso y decir «más grande que Darwin», pero consideré aquello más importante que la selección natural propiamente dicha −sin duda Stephen quería colgarse la medalla de oro−.

Muchos de los biólogos teóricos que conocimos a Stephen en persona pensábamos que era una especie de farsante intelectual, precisamente porque tenía la capacidad de acuñar términos que prometían más de lo que realmente ofrecían mientras afirmaba exactamente lo contrario. Un ejemplo era la noción de «equilibrio puntuado», según la cual los ritmos de evolución (morfológica) no eran constantes, sino que variaban a lo largo del tiempo, a menudo con períodos de largos estancamientos combinados con otros de cambios rápidos. Todo esto se conocía bien desde la época de Darwin. El ejemplo clásico son los murciélagos. Por lo visto, evolucionaron muy deprisa siendo mamíferos no voladores (quizá en menos de veinte millones de años), y luego permanecieron relativamente igual en cuanto alcanzaron el fenotipo «murciélago», con el que todos estamos familiarizados desde hace unos cincuenta millones de años. Aquí no hay ninguna sorpresa. Como las formas intermedias no eran propensas a ser mamíferos clásicos muy buenos ni tampoco buenos voladores, la selección natural los empujó muy pronto al espacio evolutivo pertinente.

Sin embargo, Steve quería convertir esto en algo más grandioso, una justificación de la sustitución de la selección natural (favorecer el éxito reproductor individual) por algo denominado «selección de las especies». Como cabe imaginar que hubo una renovación rápida de especies durante períodos de selección y cambios morfológicos intensos, cabría también esperar que esta selección de especies fuera más intensa aunque durante el resto del equilibrio se impusiera del todo la selección estabilizadora. No obstante, el ritmo de renovación de las especies no tiene nada que ver con los rasgos en el seno de la especie: solo está relacionado con la frecuencia relativa de las especies que exhiben dichos rasgos. Como suele suceder, Steve pasó por alto la ciencia interesante más amplia al hacer suya una fantasía interesada. En la actualidad, la selección de las especies es un tema menor, aunque interesante dentro de la teoría evolutiva, no un principio grandioso surgido de modelos paleontológicos.

Hace poco, ha aparecido sobre Steve algo totalmente nuevo y asombroso. En su trabajo empírico, en el que atacaba a otros por análisis de datos sesgados al servicio de alguna ideología política, y resulta que era él el culpable de cierto sesgo al servicio de su propia ideología. Lo peor −y más escandaloso− es que los errores de Steve parecen ser de consideración; y el sesgo, grave. Un minucioso nuevo análisis de un caso pone de manifiesto que su objetivo es impecable mientras su ataque es tendencioso en todo lo que atribuye a su víctima. Su libro más famoso (*La falsa medida del hombre*) comienza con una humillación a Samuel George Morton. Morton era un científico de principios del siglo XIX que se dedicó a medir el cráneo humano, sobre todo el volumen interior, una estimación aproximada del tamaño del cerebro encerrado. Lo hizo con gran meticulosidad echando en diversos cráneos primero semillas y luego rodamientos de bolas hasta llenarlos para luego medir su volumen en un cilindro graduado. Era un empirista puro. Sabía que el tamaño del cerebro era una variable importante, pero lo ignoraba prácticamente todo sobre los detalles. (De hecho, actualmente tampoco sabemos mucho.) Creía que sus datos tendrían que ver con si éramos una especie o varias, y desde luego confirmaron sus ideas racistas preconcebidas, sobre las que se explayaba muy a gusto. Aun así, parecía estar creando un inmenso tesoro oculto de hechos ciertos y útiles.

Estos empiristas me encantan. Trabajan para el futuro y reúnen datos cuya lógica será desvelada por las generaciones posteriores. Precisamente porque no tienen intereses personales ni hipótesis que demostrar, sus datos tienden a ser más fiables que los primeros con que contamos tras una teoría nueva. He sacado provecho de ellos toda mi vida; la ocasión más memorable fue cuando me mostraron una amplia y precisa literatura sobre proporciones de inversión en veinte especies de hormigas, recogidas mucho antes de que nadie comprendiera por qué esas cifras podían llegar a tener un interés considerable, lo que efectivamente sucedió.

En cualquier caso, Morton agrupó sus datos de población con arreglo a las mejores estimaciones de parentesco simple, amerindios con amerindios, africanos con africanos, europeos nórdicos con nórdicos, etc. Es aquí, afirmaba Gould, donde se cometían toda clase de errores que respaldaban nociones preconcebidas de que entre las personas con menor capacidad craneal (por tanto, más estúpidas) se contaban los amerindios y los africanos. Por ejemplo, Gould decía que Morton formaba más subgrupos entre los nórdicos que entre los tropicales, lo que permitía a un mayor número de ellos estar por encima de la norma. Sin embargo, lo cierto era justo lo contrario. Morton hablaba de más submuestras amerindias que europeas, y como rutina señalaba cuándo las submuestras amerindias concretas eran tan elevadas o más que la media europea, hechos que, según Gould, Morton había ocultado.

Existe un contraste adicional entre Morton y Gould que merece la pena comentar. Para evocar los errores de Morton, Gould describe con cariño la acción del sesgo inconsciente en el trabajo: «Morton, midiendo con semillas, coge un enorme y amenazador cráneo de un negro, lo llena apenas y le da unas cuantas sacudidas desganadas. A continuación, coge un cráneo tristemente pequeño de un caucasiano, lo agita con fuerza y empuja con todas sus fuerzas el foramen magnum con el pulgar. Ha sido relativamente fácil, sin mediar motivación consciente; la expectativa es una potente guía para la acción». En efecto es así, pero nuevas medidas minuciosas ponen de manifiesto que Morton jamás cometió ese error concreto. Hubo solo tres cráneos que, al haber sido medidos mal, revelaban ser mayores de la cuenta, y todos eran amerindios o africanos.

No se puede decir lo mismo de Gould. Se encontró con datos dolorosamente objetivos recogidos por Morton, y al introducir procedimientos sesgados (ningún tamaño de muestra inferior a cuatro) fue capaz de obtener resultados sesgados de la forma adecuada. Y al tergiversar la frecuencia de las subpoblaciones nórdicas frente a las amerindias, fue capaz de crear una ilusión de sesgo donde no existía mediante una simple afirmación categórica (nadie se tomaba la molestia de verificarlas).

¿Cuáles son aquí los procesos inconscientes en funcionamiento? ¿Está Steve volando al revés con el piloto automático, tomando inconscientemente las decisiones (sustituir nórdico por tropical, eliminar todas las muestras de menos de cuatro) que propiciarán los resultados que desea mientras oculta los sesgos? ¿Está de veras el organismo consciente completamente a oscuras mientras pasa todo eso? Cuesta creerlo. No obstante, al final parece estar en modo «pleno autoengaño»: un fanfarrón atribuyendo fraude de forma fraudulenta, con justificada indignación, asociado a un perdón magnánimo por las flaquezas del autoengaño en los demás.

En respuesta a esta crítica, que fue revelada por Lewis y otros, el guarda de la tumba de Gould, su viejo editor en *Historia Natural*, Richard Milner, hizo algunos comentarios exquisitos en defensa de Stephen: Gould, decía, «era un incansable cruzado contra cualquier forma de racismo». (Es decir, autoengañándose plenamente.) También decía que cualquier sesgo estaba «del lado de los ángeles». Pero ¿alguno de nosotros está en condiciones de decir cuál es el lado de los ángeles? Apenas sabemos cuál es nuestro interés personal. Y sortear estos problemas es la razón de ser del método científico.

En general, suele ser muy difícil establecer la frontera entre el engaño consciente y el inconsciente, o determinar en qué medida aparecen combinados. Un análisis lingüístico de 2010, por ejemplo, sugería que los artífices de la guerra de Estados Unidos contra Irak, en 2003, mentían cuando decían que Sadam Husein había orquestado los atentados del 11 de septiembre y que Irak poseía armas de destrucción masiva. Yo pensé ingenuamente que dicho análisis reflejaba una mentira consciente (Trivers, 2011), pero ya no estoy de acuerdo conmigo mismo. Un engaño inconsciente podría presentar los mismos síntomas —escaso uso de los pronombres «yo» y «nosotros», pocos calificativos, etc–.

George C. Williams

En George Williams jamás detecté una pizca de engaño ni de autoengaño. Era tan recto y auténtico como alto. La última vez que hablé con él fue en 2002, cuando le llamé por algo y él me explicó que estaba en el estadio inicial de alzhéimer. Para hacer el diagnóstico había ahora unos sencillos test de memoria, explicó. En un segundo plano alcanzaba yo a oír a su esposa Doris diciendo no sé qué. «Doris dice que no se lo cuente a la gente», me explicó George, que acto seguido dijo que lo primero que le llamó la atención fue que desaparecían de su cabeza todas las palabras que comenzaban con mayúscula: palabras arbitrarias correspondientes a ciudades, edificios, personas y cosas por el estilo.

Al cabo de unos meses, le envié mi libro *Selected Papers*, pero no llegué a recibir respuesta. George ya no estaba. Lo lamenté por Doris, una hermosa mujer cuyo tamaño era aproximadamente la mitad del de George, de quien era un gratísimo complemento. Las personas más cercanas a un enfermo de alzhéimer son quienes suelen sufrir más, pero, por lo que sé, la buena disposición de George redujo en gran medida el sacrificio de los más allegados.

Nos habíamos visto por última vez en 2000, en la sesión conmemorativa de William Hamilton, en Amberst, durante las reuniones de la Sociedad de la Evolución y el Comportamiento Humano. Íbamos a hablar los dos. Él estaba sentado detrás de mí mientras Richard Dawkins hacía su intervención, y oí a Doris decirle: «Mira, George, no hagas lo que estás pensando. Cuenta solo las historias que sabes de Bill. Por favor». De modo que, cuando George se levantó estaba yo la mar de ansioso, pues sabía que él iba a hacer exactamente eso que a su mujer le parecía una mala idea. Como era de esperar, George se puso en pie y dijo: «Ojalá Bill estuviera aquí porque tengo que ajustar cuentas con él».

A continuación se dedicó a ajustar esas cuentas durante toda la charla. Tenían que ver con la evolución del sexo y con patrones de evidencia señalados años atrás por George, que contradecían (eso afirmaba George) ciertos aspectos del enfoque de Bill sobre los parásitos. Me pareció magnífico. Según algunos, su exposición había sido inoportuna, se preguntaban por qué no se limitaba a contar historias como todo el mundo. Sin embargo, a mi entender había sido perfecta para la ocasión. Un sobresaliente George Williams —¡ningún movimiento desperdiciado con ese organismo!— había rendido homenaje a la imperecedera importancia de las ideas de Bill.

Mi primer contacto con George se produjo cuando yo era estudiante de posgrado. Le mandé mi capítulo —a la sazón en la imprenta— sobre inversión parental y selección sexual. Al escribir el artículo se me había olvidado por completo que una porción clave de la argumentación procedía directamente de un libro de George de 1966, *Adaptation and Natural Selection*. Solo me di cuenta al releerlo mientras me preparaba para dar mi primer curso sobre evolución social. En el libro, se hablaba de especies con el «rol sexual invertido» (así como elección femenina de genes e inversión), y las páginas pertinentes estaban llenas de subrayados y comentarios míos al margen. Como en el capítulo enviado no se reconocía nada de eso, se le comenté que incluiría las referencias pertinentes antes de que se imprimiera el libro. Por tanto, al recibir una carta de George Williams me sentí un poco nervioso. Estaba preparado para una experiencia desagradable.

Sin embargo, me encontré con una de las cartas más afectuosas y generosas que he recibido en mi vida. Entre otras cosas, decía que mi artículo había vuelto obsoleto un capítulo de su libro de próxima aparición, *Sex and Evolution*, el dedicado a la mortalidad diferencial según el sexo, que adjuntaba. No decía nada sobre no haber sido citado debidamente y abordaba solo el contenido científico. Su capítulo contenía mi percepción esencial concerniente a la mortalidad masculina: que la superior varianza en el éxito reproductor masculino suele seleccionar rasgos que tienen un mayor coste para la supervivencia. Ese libro era el primero que exploraba de forma sistemática las consecuencias de considerar que, por lo general, el sexo tiene un coste inmediato del cincuenta por ciento en cada generación (en comparación con la asexualidad), coste que ha de ser superado en cualquier modelo provechoso.

En 1974 lo invité a Harvard, y en las clases expuso sus ideas sobre el sexo. Creo que era más reservado que tímido, y exhibía una cálida sonrisa y un curioso sentido del humor. De entre sus bromas, mi favorita es una de cuando, en cierta ocasión, George me estaba hablando de sus alegrías como abuelo. «Si hubiera sabido cómo tener nietos sin tener primero hijos, lo habría hecho.» Más adelante, entendí lo que había querido decir: mucho parentesco no funciona. O como dijo una vez Melvin Newton (hermano de Huey): «Puedes darle helado para desayunar, ¿qué más da?».

Tras haber empezado con la evolución de la senectud en 1957, más adelante George se dedicó a la medicina darwiniana, siendo célebre su opinión de que no había ningún compuesto, arsénico incluido, que no fuera beneficioso si se administraba en dosis lo bastante pequeñas. Casi seguro que se trataba de una exageración, pero en todo caso útil y vigorizante. Tenía unos conocimientos de biología tan profundos que, de las personas que conozco, es la única que ha pronosticado la existencia de toda una categoría de elementos genéticos egoístas (genes que se propagan dentro del individuo porque son ventajosos para ellos, no para el individuo). Esta «androgénesis» tiene lugar cuando los genes paternos expulsan a los maternos y se apoderan del genoma de un organismo, sistema del que actualmente conocemos su existencia en tres grupos de criaturas muy diferentes.

Hablamos de un hombre maravilloso, con una manera de pensar sencilla y clara y una personalidad humilde y modesta. Era especialmente hábil a la hora de calar las sandeces, ya se tratara de selección grupal o psicoanálisis, y de avanzar lenta y cuidadosamente en las cuestiones importantes.

15

Sentimientos ambivalentes hacia Jamaica

Habré pasado unos dieciocho años de mi vida en Jamaica. En la zona más rural tengo una casa y una propiedad, llena de mangos, guayabas, cocoteros y toda clase de cítricos, por no hablar de todos los insectos, pájaros y lagartos que se han instalado allí. Me casé en la isla. Dediqué ocho años de mi vida a investigar allí, a estudiar sobre todo los lagartos, pero también el grado de simetría corporal de nuestra especie. Tengo cinco hijos jamaicanos, incluidas dos gemelas, y todos viven felizmente en Estados Unidos con sus madres y mis nueve nietos.

En cuanto llegué, me encantó la libertad sexual que existía en Jamaica, el maravilloso sentido del humor de la gente de allí, y también la liberación que sentía yo con respecto al pasado estadounidense. La esclavitud y la posesclavitud no fueron tan duras en Jamaica como en Estados Unidos, pues los esclavos jamaicanos de piel oscura superaban en gran número a los blancos y los morenos. Además, no era mi problema. Ninguno de mis antepasados había tenido nada que ver con Jamaica, y aunque mis padres habían sido firmes antirracistas, en Estados Unidos yo todavía me sentía culpable por ser un blanco que se beneficiaba indirectamente de un sistema basado en la discriminación racial. Pero en Jamaica me sentía libre y a un nivel por encima del turista. Era un científico que en realidad trabajaba para contribuir al conocimiento de la isla. Por otra parte, en el campo disfruté de un tipo de protección que más adelante se esfumaría. Si un jamaicano me atacaba, era muy probable que otros seis jamaicanos saltaran sobre él: ¿por qué atacas al extranjero, si es un turista?

Aún me encantan todas estas cosas de la isla, en especial el sentido del humor de sus gentes, pero a lo largo de los últimos cuarenta y cinco años he llegado a ver en este precioso lugar muchas cosas horribles. Los homicidios se han decuplicado y ahora se extienden por toda la isla; pocos países tienen índices de criminalidad superiores. En este momento, el noventa y cinco por ciento de los turistas se alojan en hoteles con todo incluido, conocidos en Jamaica como «todo exclusivos»: han de pagar por anticipado, y uno no puede entrar si no compra un pase caro. Esto ha hecho que el resto del país sea todavía más peligroso, de modo que los delitos a mano armada han llegado a todos los distritos. En la zona de Black River se puede alquilar un arma durante dos semanas. Pero procura devolverla dentro del plazo. Si no lo haces, irán por el arma y también por ti.

En Jamaica, la ignorancia sexual es elevada, por no decir algo peor, y uno de los efectos de esta situación es la violencia contra aquellos de quienes se sabe (quizá por haberlo admitido) o se sospecha que son homosexuales. En 1968, seis meses después de llegar yo, un hombre murió apedreado tras haber sido visto fornicando con otro hombre. Cuarenta años después aún siguen lapidando y matando a gente sospechosa de homosexualidad. A principios de 2015, un joven afeminado de Montego Bay fue atado a un árbol con cuerda y alambre y a continuación apedreado mientras la muchedumbre gritaba «¡Muerte al maricón!». Finalmente murió a causa de una pedrada que le partió el cráneo en dos. Está en YouTube, pero no he tenido estómago para verlo. Algunos amigos jamaicanos decentes negaron el crimen, como hacen casi siempre: «He oído que en realidad era un ladrón al que pillaron robando». Pero normalmente a un ladrón no se le ata con alambre ni se le gritan insultos sexuales, sino que se le inmoviliza en el suelo, se le llama «ladrón asqueroso» y se le sacude.

Una jamaicana doctora en Derecho por Oxford, una mujer de gran clase e inteligencia a quien le encanta la música de Buju Banton, explica que Buju fue detenido por el FBI por su homofobia. Será la primera vez en la historia de Estados Unidos, pensé. Yo acababa de decirle que Buju era un estúpido, y que no le tenía simpatía alguna. Fue detenido en una operación encubierta contra el tráfico de cocaína. Podía haberse declarado culpable, como habían hecho los otros culpables –grabados y filmados–, y aceptar una condena de cinco años. En vez de eso, prefirió luchar, en parte basándose en la idea de que el *lobby* homosexual estaba tras la operación del FBI (lo que había detrás, en Estados Unidos, era una campaña publicitaria contra su música)… y le cayeron diez años. No creo que en el FBI estuvieran muy tristes cuando se declaró «no culpable». He aquí las letras que cantaba ante decenas de miles de personas en Jamaica y el extranjero: «Revienta-adiós-adiós-la cabeza-del-maricón», o «cada vez que veo a un maricón voy y lo mato». Este hombre hace apología del asesinato de millones de personas. El castigo que recibió fue leve.

Los sentimientos que me despierta Jamaica son cada vez más ambivalentes. La belleza física es abrumadora; las mujeres son preciosas, serviciales y abundantes. Sin embargo, como dicen allí, «Jamaica sería una isla maravillosa si no fuera por los jamaicanos», frase que hace alusión sobre todo a los hombres.

G pasa siete años en la cárcel por un crimen que no cometió

Unos diez años después de haberme instalado allí, Jamaica en general, y Southfield en particular, empezaron a resultarme profundamente desagradables. Para entonces ya me había casado, había recibido tierra como regalo y había puesto en marcha una pequeña granja y construido al lado un depósito de agua. Me pasaba el día en mi propiedad supuestamente trabajando en la teoría social basada en la selección natural, aunque en realidad consumía más THC del que sería aconsejable para poder avanzar en cualquier asunto. Por la noche dormía en casa de mi suegra, con mi mujer y nuestro hijo, por lo que mi casa era susceptible de ser ocupada.

Un día vino Be-be a verme y me dijo que G, un colega fumador de nuestro campamento, no tenía dónde dormir puesto que su madre lo había echado de casa. Había estado viviendo en un cuartito, pero ella lo repintó por lo que al parecer su valor aumentó por encima del de G, con lo que este tuvo que marcharse. G correspondía a PG, que era una abreviación de Penitenciaría General, donde él había pasado los últimos siete años de una sentencia de diez por un delito menor que no había cometido. Había recuperado la libertad hacía poco.

El caso de G era especialmente irritante no solo porque no había cometido ningún crimen, sino porque no había podido ser él y todo el mundo lo sabía. Había sido acusado de darle una paliza a un tendero, pero mientras pasaba esto, él estaba en su trabajo, limpiando un local después de uno de los pases semanales de películas. Es más, G era bajito y delgado, incapaz de causar el daño denunciado por el comerciante. Este sabía que no había sido G quien le había golpeado. De hecho, él y la inmensa mayoría sabían que había sido un joven gángster que más adelante pasaría quince años en prisión por asesinato y luego acabaría suicidándose.

Pero G iba a ser el chivo expiatorio. No tenía claro el porqué; lo que sí sabía es que G tenía la costumbre de sermonear y condenar, al estilo rasta, a los malvados, los codiciosos y los embusteros. Y entre aquellos a quienes reprendía se contaba el tendero en cuestión. Acaso fuera esta la razón de la denuncia. En todo caso, lo que marcó su destino fue su bajo estatus en la jerarquía de la comunidad. G era pobre. G era bajito. G no tenía parientes poderosos. La élite económica había decidido mandarlo a la cárcel, y todos los demás mostraron su conformidad.

El jefe de G podía haber verificado la coartada de su subordinado fácilmente, pero resulta que era el hermano del tendero. Había habido otras veinte personas en la proyección de la película, y todas y cada una sabían dónde estaba G cuando tuvo lugar la agresión. Nadie declaró en su favor. Su gente tampoco tenía dinero para pagar una fianza ni un abogado, y por lo visto carecía de amigos influyentes dispuestos a tomar partido. Me dijeron que cuando se enteró de que en el tribunal de Black River se había dictado su sentencia de diez años, se deslizó por su mejilla una única lágrima.

Durante sus primeros meses en la cárcel, G fue apaleado sin piedad dado que el comerciante había pagado a los celadores por este castigo adicional. No pregunté nunca lo que había sufrido G a manos de sus compañeros de reclusión. Sí le pregunté una vez si había llegado a conseguir ganja en prisión, y me contestó que sin ganja no habría sobrevivido. ¿Por qué? Porque era uno de los que cogía la hierba que tiraban por encima del muro y luego se la daba a los otros. Casi seguro que todo lo recaudado se lo quedaban los demás, pero al menos él tenía un trabajo valorado dentro del sistema.

Entonces pasó algo extraordinario. G llevaba varios años viviendo en mi propiedad recibiendo un buen trato. Estuve fuera cuatro meses y al regresar supe que la comunidad que había permitido su encarcelamiento por un delito no cometido, sino por ser pobre y enclenque, ahora se había unido para agredirle en tres ocasiones distintas.

Primero, un conocido matón lo retuvo en la carretera y le amenazó con matarlo porque «la tierra del hombre blanco es para mí», lo que significaba que mi terreno era suyo porque su padre me había plantado algunos sauces, que luego ya no cuidó más y acabaron rodeados de hierba alta. (Fue quien me enseñó que los árboles pueden menguar de tamaño.) Esa agresión fue especialmente amenazadora porque el agresor en cuestión trabajaba como enlace en un minibús que hacía el trayecto de Southfield a

Kingston seis veces a la semana, con lo que G era una víctima ideal para ser tiroteada en un «robo» durante el recorrido.

La segunda agresión contra G la protagonizó una mujer jamaicana de tamaño gigante, aproximadamente de metro setenta y cinco y casi cien kilos. Lo había agarrado y maltratado fuera de la casa, en la carretera, afirmando que G le había contado a su novio que tenía otros amantes (harto improbable).

Por último, G fue atacado por un grupo en un bar de la localidad después de que él detuviera su flamante vehículo, una bicicleta japonesa de ochocientos dólares y quince velocidades que yo le había llevado en mi última visita. Al parecer, él había dicho «Ha llegado el japonés», y esto encendió a la multitud.

Cuando me enteré de estas agresiones a G, me puse hecho una furia. Primero fui al patio del hombre que trabajaba en el minibús, pero cuando entré gritándole, él se marchó corriendo. Me quedé despierto toda la noche con un amigo, y a las seis de la mañana aparecí donde lo recogía el autobús. Le puse el puño en la mandíbula, listo para un gancho, y dije: «Ge-go es para mí. Es mío y el que le haga daño tendrá que vérselas conmigo». A partir de entonces G montó en el autobús gratis. También maldije a la mujer desde la carretera, procurando no pisar un centímetro de su propiedad, y como respuesta recibí una sarta de improperios. No sé si captó la idea. Me consta que el comerciante sí, porque entré y pregunté en voz alta si yo estaba seguro en su tienda, pues sabía que G no lo estaba. Después salté el mostrador.

Al final G murió de meningitis espinal, enfermedad que probablemente había contraído en la cárcel.

Homofobia jamaicana

Mi relación con Jamaica no se ha visto beneficiada por su furibunda homofobia. He viajado por todo el mundo y en ningún lado he visto los niveles de homofobia de Jamaica. No sirve de nada decir a los jamaicanos que hay pruebas científicas conclu-yentes de que los hombres más antihomosexuales son precisa-mente los que albergan una mayor tendencia homosexual laten-te en su carácter.

Parte del problema es el hecho de que en Jamaica se conser-van las leyes antisodomía británicas, en virtud de las cuales un delito de sodomía puede suponer una condena de doce años de cárcel. Increíble, ¿no? Una banda de británicos de clase alta, qui-zá de sexualidad más que dudosa, dictan leyes que convierten a todos los demás en personas susceptibles de ser procesadas por una actividad que ellos acaso a veces practican tranquilamente en privado. En el Reino Unido fueron abolidas de forma paulati-na desde 1967 a 1981, pero en Jamaica siguen vigentes. Cada vez que alguien es agredido por su homosexualidad real o supues-ta, normalmente la policía se escuda en las leyes «antisodomía». Justifican su falta de protección a los hombres homosexuales señalando que esos son prácticamente delincuentes confesos, y solo esperan datos de observación para encerrarlos durante doce años. Sin embargo, hay que reconocer que, hace tres años, un agente de policía de Mandeville intervino en un ataque multitu-dinario a una pequeña casa en la que vivían juntos dos hombres. Las potenciales víctimas no fueron asesinadas, pero el policía tuvo que correr para salvar la vida y permanecer un tiempo es-condido, pues ahora estaba «fichado».

Los jamaicanos están orgullosos de ser jamaicanos y orgullosos de su orgullo, pero ¿por qué va a ser motivo de orgullo nacional mantener leyes que convierten simples actos sexuales en delitos castigados con doce años de cárcel cuando los amos coloniales las han abolido en su país? Por lo visto, Jamaica pretende ser la Inglaterra de hace quinientos años, al menos en el aspecto sexual.

Otra parte del problema acaso sea que a muchos chicos los cría una madre sola. En el mundo rural, las mujeres no suelen vivir con el padre biológico de uno o más hijos. Los hombres no acostumbran a invertir en sus propios hijos, sino que dedican el dinero a ayudar a la(s) amante(s) que tengan en ese momento y a los hijos de esta(s). Como no tienen padre, los chicos tal vez carecen de modelo paterno. Puede que también expresen una profunda ambivalencia hacia su madre. Un padre/madre debe encarnar tanto la figura afectuosa, el progenitor único que tienen, como la figura disciplinaria dura (papel que en mi vida desempeñó mi padre). A saber qué clase de problemas de identidad sexual interna se generan en este sistema.

Dada la falta de respuesta de la policía ante esta situación, desde hace poco me he organizado con otros doce hombres para crear la Liga de Defensa de los Homosexuales, basada en el credo de los Panteras de que si nadie te protege, lo haremos nosotros. Si ello requiere meter miedo en el cuerpo a alguien, tanto mejor. Si vas a dirigir una isla donde impera el abuso y la ignorancia sexual y personas inocentes son torturadas y lapidadas, no te sorprendas si algunos se levantan y tratan de poner fin a la situación.

Todos los de la Liga somos heterosexuales, pero hemos acordado impedir este tipo de atrocidades siempre que podamos. Ahora mismo solo actuamos en el sudeste, Saint Elizabeth, pero espero que la actividad se extienda a otras zonas. Hasta ahora no he tenido ningún problema para alistar a voluntarios que nos avisen cuando se requieran nuestros servicios. Una noche cualquiera, puedes recibir una llamada a las cuatro de la mañana para decirte que sería conveniente tu presencia en tal o cual sitio. Estoy dispuesto a jugarme la vida cuando reciba avisos así. Iremos a proteger a posibles víctimas y, si llegamos tarde, reuniremos pruebas. No nos limitaremos a «quedarnos por ahí y mirar».

Misoginia jamaicana

Sin embargo, la ignorancia sexual de los hombres jamaicanos supera con creces su legendaria homofobia. Por ejemplo, comúnmente se cree que besar el coño de una mujer antes de metérsela es en sí mismo un acto homosexual. La propia expresión «hombre gato agachado» da a entender una conexión, pues cuando te inclinas para besar la bendita estructura, elevas el trasero. Todas estas estupideces me benefician sobre todo a mí. ¿Los hombres son tan ignorantes que no saben satisfacer sexualmente a una mujer? Así aumentan mis posibilidades, sin duda.

He aquí otro llamativo ejemplo: el insulto más grave entre los jamaicanos adultos es «eres una compresa». (Resulta que la frase antes también era delito: multa de cuarenta chelines durante la dominación británica.) Casi me desmayé cuando me enteré de lo que se gritaban en Kingston, cada vez con un tono más fuerte, aquellos hombres grandotes y musculosos: desde «paño para la sangre menstrual» (papel higiénico de mierda) hasta «papel para limpiar el culo» (coño en argot) pasando por «trapo para el c...» (casi) o «coágulo de sangre» (la verdadera cosa roja). Llegué a la conclusión de que, si no había una amenaza inminente, jamás volvería a temer a esos hombres.

Cuando un estadounidense te dice que «te follas a tu madre» (*mother fucker*, hijo de puta), al menos está afirmando algo sobre tu carácter moral: eres el tipo de hombre que forzaría a su madre sexualmente. Sin embargo, ¿qué estás diciendo cuando llamas a alguien «paño para la sangre menstrual»? Será que eres alguien de poco valor desde el punto de vista tanto sexual como reproductor, que expulsa lo que a menudo se consideran venenos o gérmenes y no simplemente su inversión del mes anterior en la posible procreación. Una vez me contaron que la expresión tenía su origen en los burdeles, donde el «hombre de los trapos» era el que tenía el cometido de recoger las compresas usadas y deshacerse de ellas. De todos modos, cuesta imaginar que la isla estuviera tan saturada de burdeles que un insulto tuviera esa única procedencia. Tiene que haber habido cierta conexión psicológica entre llamar a otro hombre «compresa usada» y asesinarlo si se sospecha que tiene relaciones sexuales con otros hombres, pero no alcanzo a verla.

Sobrevivir a un robo a mano armada en casa

Mi relación con Jamaica tocó fondo hace relativamente poco. En 2007 gané el Premio Crafoord, concedido por la Royal Society de Suecia. Consistía en un cheque de 500.000 dólares. Cuando se anunció en un periódico jamaicano local, supe que enseguida tendría un problema nuevo en la isla. Aunque la mayoría de los detalles de la noticia eran erróneos, como que yo era un jamaicano que había emigrado a Estados Unidos para estudiar los lagartos, la cantidad de dinero del premio era la correcta. Casi toda la gente la redujo mentalmente a 5.000 dólares, o su equivalente jamaicano, 10.000, pero aun así era una suma tan elevada que, si era lo bastante estúpido para guardarla en casa, esta se convertiría en un sitio ideal para ir a robar.

Efectivamente, en la primavera de 2008, tras regresar yo a mi casa desde un bar de la zona tuve una experiencia de lo más desagradable. Eran las diez y media de la noche. Por suerte, había estado en el bar con mi ordenador, trabajando en el libro sobre el autoengaño (*La insensatez de los necios: la lógica del engaño y el autoengaño en la vida humana*), porque prefería escribir acompañado a hacerlo solo. Por eso mismo había estado bebiendo y fumando solo moderadamente, lo cual quizá me ayudó a salvar la vida.

Abrí la puerta del dormitorio, encendí la luz, abrí la ventana para que entrara aire fresco; había dejado la puerta abierta como de costumbre. Dado que aún me sentía despierto de cuerpo y mente, decidí hacer las maletas para mi viaje al día siguiente a Montego Bay. Como tenía que salir a primera hora de la mañana, si hacía el equipaje el día anterior era más fácil que reparase en algún olvido antes de que fuera demasiado tarde. De repente tuve la incómoda sensación de que no estaba solo. Me volví y vi a dos inquietantes jóvenes de piel oscura de veintitantos años dentro del cuarto. Seguramente se me agolparon los pensamientos en la cabeza, pues recuerdo haber pensado muy deprisa: «¿Dónde estoy?

¿En China? ¿En alguna curvatura del continuo espacio-tiempo?». No. ¿Me había olvidado de alguna cita, como me pasa a menudo? No... ¿cómo iba a quedar yo con dos jóvenes feísimos en mi habitación a las diez y media de la noche?

Entonces advertí que uno empuñaba un machete y el otro un cuchillo largo. Ah, vaya, me dije para mis adentros, echándome ligeramente hacia atrás... ya sé lo que es esto, un atraco a mano armada. Al mismo tiempo, saqué un largo y sólido cuchillo brasileño de quince centímetros de hoja con la que apunté al testículo derecho de uno de ellos. Cuando vieron el cuchillo, sus caras pasaron de provocar terror a expresarlo, de modo que se limitaron a huir de mi dormitorio antes de que yo pudiera arrinconar a uno u otro. De hecho, fui directamente hacia el del alfanje, pues era el más vulnerable: a medio metro de distancia apenas, él solo podía darme una palmadita en la espalda mientras yo podía matarlo a cuchilladas. El otro era más «problemático».

En los más de quince años que llevaba viviendo allí, nunca había pensado en la posibilidad de poder sufrir un ataque en mi casa. Esta se encontraba al final de un largo camino de tierra que salía de un carril de un solo sentido que conectaba con la carretera principal, aproximadamente a medio kilómetro más abajo. Como resultó que los dos eran chicos de la zona, parece poco probable (en retrospectiva) que yo pudiera sobrevivir al robo. No podían decir: «Bueno, señor Bob, pues nos vemos mañana en la plaza». También es un hecho muy conocido de la psicología humana que, cuanto más tiempo te tiene alguien bajo su control, más cruel puede llegar a ser y más probable es que se decida por la «solución final». Siempre digo a la gente, sobre todo a las mujeres víctimas de una agresión sexual, que hay que contraatacar enseguida y hacer mucho ruido para atraer a otros: no te sometas y, por el amor de Dios, no dejes que te mantengan cautivo. Ataca y chilla para despertar la atención de la gente, de lo contrario las cosas solo van a empeorar. Suplicar clemencia solo suele estimular la agresividad que se pretende evitar.

En cuanto hubieron salido disparados por la puerta de la calle, la cerré. Después empezó el verdadero terror. Como yo no había salido corriendo con una pistola para dispararles, ellos conjeturaron acertadamente que yo estaba desarmado. Por otro lado, también tenía el cuchillo solo porque alguien había guardado muy estúpidamente mi machete de defensa personal en el cobertizo de las herramientas de la parte de atrás. Ahora los hombres querían volver a entrar. Empezaron con golpecitos suaves y ruegos absurdos como «Déjenos entrar, somos la policía».

En ese momento sí que me entró el pánico. Tenía una enorme casa de planta baja con numerosas ventanas provistas de celosías por las que se podía entrar quitando o rompiendo los paneles de vidrio. De nuevo seríamos dos contra uno como antes, pero ahora no podría recurrir a ningún elemento sorpresa. No caí en la cuenta de que había montones de botellas de vino vacías. Cada una era más peligrosa que un cuchillo, y haciendo la combinación de lanzar unas botellas a poca distancia y arremeter con otras, sería posible contrarrestar un machete. Como no había previsto nunca una situación así, no tenía ningún plan: un error monumental por mi parte.

Entonces tomé una decisión de lo más desatinada: salir de la casa por la parte trasera y dirigirme a una colina llena de arbustos y árboles viejos, casi impenetrable y totalmente segura (siempre y cuando fuera capaz de alcanzarla). Pero, ay, los chicos se encontraban en ese lado de la casa. Jamás olvidaré la imagen de un machete sostenido en alto, brillante a la luz de la luna mientras me perseguían. Resbalé y caí, pero mis profesores filipinos de artes marciales (Arnis) me habían enseñado qué hacer en una situación así: simularía que iba en bicicleta al revés mientras hacía centellear mi hoja en todas direcciones. Con los pies dabas patadas que entretenían a tus atacantes mientras atacabas tú.

Como era de esperar, funcionó. Clavé el cuchillo en la pantorrilla del agresor más alto, que se me había acercado más de lo aconsejable, mientras le hacía al otro un corte en la garganta cuando se agachó con la intención de atacarme (pero, lamentablemente, no lo bastante profundo para matarlo). Los dos se fueron corriendo, y yo volví a casa. No obstante, estaba tan aterrorizado que no tenía muy claro si habían huido, como en efecto habían hecho, o seguían merodeando por ahí pensando en efectuar un segundo ataque.

Llamé enseguida a la policía, que prometió mandar un coche. Desde la comisaría a mi casa había un trayecto de apenas diez minutos, pero tardaron más de una hora en aparecer en el patio. Cuando por fin llegaron, permanecieron quietos en el borde hasta que salí al porche, momento en el que al parecer llegaron a la conclusión de que entrar no comportaba ningún riesgo, pues encendieron las luces y se acercaron.

Un agente se quedó todo el rato dentro del vehículo mientras el otro quería registrar la casa debido al rastro de sangre que salía de la puerta. Le indiqué que la sangre procedía de mi propia herida (que me había hecho yo mismo mientras lanzaba cuchilladas desde el suelo), por lo que tan solo darían una pista de mis movimientos. En todo caso, no pude disuadirle de que entrara, aunque al menos conseguí que no se metiera en el dormitorio, a pesar de que insistió en hacerlo.

No registró en ningún momento las instalaciones exteriores, no pidió ver el lugar en el que se había producido el encuentro casi fatal –donde habríamos encontrado una zapatilla que yo había visto por la mañana, lo que indicaba que los jóvenes venían de cerca–, ni dio un rodeo a la casa para advertir la ventana rota del baño por la que ellos se disponían a entrar justo antes de que yo saliera corriendo. La policía se marchó, y eso fue todo.

Pasé la noche en casa de un amigo. El señor Cameron era un director de escuela con el que yo había trabajado muchos años; tenía un arma reglamentaria. Su mujer me curó la herida, pero para entonces estaba yo tan asustado que ningún grado de seguridad parecía suficiente. Más adelante, me asombré de que no se me ocurriera llamar al señor Cameron mientras el incidente estaba produciéndose: él estaba mucho más cerca que la policía, sabía más y estaba más de mi parte. Ese tipo de ceguera puede matarte, pero por suerte en este caso no fue así.

Los agresores fueron detenidos, pero después el detective llamó para decirme que le debía un ordenador en pago por sus servicios. Como decimos en Jamaica, me volví *rahtid*, me puse furiosísimo. Si los ladrones no consiguen tu dinero, lo hará la policía. Le dije que no volviera a hablarme del asunto. Dijo que era para su hija. Le repetí que no me planteara más el tema. Así pues, se deshizo del caso guardándolo en el último cajón. El patrón y el pastor de uno de los hombres y un amigo del otro reunieron los 500 dólares necesarios para evitar los cinco años de cárcel que los dos delitos comportaban. Cuando fueron llevados ante el tribunal, miraron alrededor asustados y preguntaron: «¿Ha venido el hombre blanco?». El detective contestó que no. De hecho, me habían privado del derecho a declarar al no informarme en ningún momento de la fecha del juicio. La acusación rebajó la petición de pena a una multa de 130 dólares por robar a un hombre en la plaza pública amenazándolo con un machete.

El otro día conocí a un jamaicano más o menos de mi edad que acababa de vender su casa y una segunda casa que tenía en Ft. Lauderdale para vivir en Jamaica cuando se jubilara. «Ah», dije, «por fin vas a hacer realidad tu sueño de vivir jubilado en Jamaica». «No», replicó, «me voy el próximo jueves y regreso a St. Lauderdale. Esto es demasiado peligroso». Al oscurecer, explicaba, incluso cuando eran su esposa o su hija quienes querían entrar, nunca estaba seguro de que no hubiera también algún hombre apuntándoles a la cabeza con un arma mientras ellas llamaban a la puerta.

Nadie va a echarme de Jamaica. Como decía el padre de Huey Newton: tal vez seas víctima de un asesinato, pero no de una paliza. A mí aún no me han pegado ninguna paliza, y espero que no ocurra nunca. En cuanto al asesinato, tengo setenta y dos años.

Pasará lo que tenga que pasar. Desde luego, me costaría menos en años perdidos que a muchos otros que he conocido y a los que sigo añorando, hombres como Be-be, G o Peter Tosh, mujeres como Celestine, y muchos muchos más.

Humor jamaicano

Aun así, pese a mi odio hacia la cultura de la violencia y la ignorancia sexual, su crueldad y su anarquía, Jamaica sigue siendo mi hogar de adopción. De modo que terminaré el capítulo describiendo una de las características más atractivas de los jamaicanos: su sentido del humor.

Desde el preciso momento en que llegué a la isla he disfrutado de su estilo particular de comicidad verbal, que suele tener un tono sexual y conlleva engaño. De hecho, el humor jamaicano me permitió ver que el engaño era más habitual en el trópico, algo ya señalado por otros, como también lo era ser tratado con un enojo menos moralista y con mejor talante (al menos la mayoría de las veces).

Hay expresiones jamaicanas especialmente llenas de este sentido del humor. «Dedos libres» es interferir hurtando o cambiando objetos de sitio con los dedos. Hacer un «filete» es equivocarse a favor de uno mismo. Un ejemplo trivial sería el del tendero que te da menos de la cuenta al devolverte el cambio. Ha cometido un error, pero como ha sacado provecho en realidad ha hecho un «filete». En otro caso, si ha oído que te dedicas cumplidos, a la gente le gusta decir: «Los elogios a uno mismo no son recomendables».

La nueva expresión para cuando las instituciones te roban es «Relájate, déjate llevar» (lo que pasa cuando mi banco me dice que me quitará treinta días de trabajo, es decir, seis semanas, para cobrar un cheque de mi cuenta en Estados Unidos). La operación al revés tarda a lo sumo cuatro días, y normalmente dispones de todo el depósito un día después de llegar a tu cuenta. ¿Qué es lo que hacen los jamaicanos? Pues cogen tu dinero y lo invierten durante cinco semanas, se quedan los beneficios y al final te lo dan. Relájate, déjate llevar.

Jamaica es un país tremendamente corrupto y donde es habitual robar. Se sitúa en los primeros puestos de la lista de países corruptos, y encima con diez años de crecimiento económico insignificante. El chiste sobre el funcionamiento a todos los niveles es «Relájate, déjate llevar». El otro día, la primera ministra, Portia Simpson, pidió al FMI que le perdonara el cien por cien de la deuda, no el ochenta o el noventa y cinco, sino toda. El préstamo no había tenido absolutamente ningún impacto positivo en el conjunto del país. El dinero se había perdido por las alturas, en el sentido de que cuanto más arriba estabas, más te tocaba en el reparto. Relájate, déjate llevar.

Mi innovación lingüística jamaicana preferida es la serie de frases que surgen de la expresión «Dar una chaqueta a un hombre» como equivalente de engendrar el hijo de otro. Cómo queda una chaqueta es crucial. Así pues, hacer a un hombre un «chaleco» es darle una chaqueta (hijo) que se le parece tanto que no necesita la intervención de ningún sastre. Los senegaleses lo dicen así: mejor tener un hijo feo que se te parezca, que uno guapo que se parezca al vecino.

He aquí una típica conversación jamaicana graciosa:

—Ralph, ¿cuánto tiempo llevas casado?
—Treinta años.
—¿Aún quieres a tu mujer como el día de la boda?
—Tal como lo veo, más vale malo conocido que bueno por conocer.

Bob Marley expresa el problema más general así: «A decir verdad, todo el mundo va a hacerte daño. Simplemente has de encontrar a las personas por las que vale la pena sufrir».

Para acabar este capítulo sobre el humor, me referiré a dos bromas muy habituales que me hicieron y que considero dos clásicos jamaicanos.

En una ocasión en que estaba de regreso de las Blue Mountains, al norte de Kingston, con tres de mis colaboradores en la caza de lagartos, a las ocho y media pasamos por el mercado del pescado junto a la carretera que lleva a Old Harbour. Allí se instalaban mujeres con grandes cacerolas de pescado frito entre las piernas y la falda remangada. Como era el último sitio en que vendían comida hasta el final de nuestro trayecto de tres horas, me paré. Tres mujeres, sabiendo que era yo quien financiaba la empresa, se levantaron con bandejas de pescado y corrieron hacia mí. Les dije que no comía pescado y que debían dirigirse a los otros. Dos se fueron al punto hacia mis colaboradores, pero una se quedó. Era bajita y fornida, pesaría unos cien kilos y tendría cincuenta años, ningún rasgo suave. Mientras nos acercábamos a los demás, ella dijo: «No comes pescado, pero seguro que te gusta el bacalao» (coño). «Sí, bueno», dije, «¿sabes dónde puedo comprar un poco?». «Pues claro, pues claro», dijo ella, mostrando dos dedos entre sus piernas, y compartimos una risa jovial, y nada más.

La otra broma procede de una fuente improbable, y tiene que ver con la historia de una supuesta violación. En Southfield, la señorita Cassy era famosa por su belleza: alta, elegante, maravillosa, de cara alargada. De hecho, yo nunca la vi porque cuando llegué ella ya tenía más de setenta años y estaba demasiado enferma como para salir de casa. Solo era posible atisbarla en el porche, en camisón, componiendo una figura alta y elegante a lo lejos. Al final, incluso esto fue demasiado para ella y se quedó postrada en cama.

Por lo visto un día se propagó el rumor de que la señorita Cassy había sido violada. Le habían quitado de encima a un corpulento hombre de cuarenta y cinco años, y la historia recorrió la ciudad entera. El violador era el yerno, casado con la hija (una mujer bastante menos atractiva que su madre).

El hombre permaneció retenido mientras se daba aviso a la policía de la lejana comisaría de Bull Savanah. La policía tardó unas dos horas en personarse. Cuando llegaron, los agentes encontraron al violador sujetado por varios hombres en la galería, la señorita Cassy estaba dentro. Un policía tuvo la brillante idea de ir a ver a la mujer y entró para preguntarle si había sido violada. Y ella dijo: «Hace ya tiempo que viene por aquí». O sea, que la aventura duraba desde hacía tiempo, seguramente sin que nadie lo supiera.

Esto tuvo tres efectos inmediatos. El hombre fue puesto en libertad, sus captores se cubrieron de bochorno y vergüenza, y la policía sufrió una gran decepción por no haber podido importunar a ningún violador esa noche. Y a continuación, en cuestión de minutos, hubo un cuarto efecto: en toda la comunidad se difundió una expresión que a día de hoy todavía se oye: «Hace ya tiempo que viene por aquí».

Durante semanas y semanas, la gente estuvo desternillándose de risa cada vez que alguien pronunciaba esa frase. Nunca supe qué le pasó al presunto violador (¿cómo resolvió el asunto con su mujer?), pero cuarenta y cinco años más tarde, uno de mis ayudantes con los lagartos me comentó que cierto lagarto verde macho joven aparecía siempre a la misma hora del día, en el mismo sitio durante nuestras observaciones, y dijo aquello de «Hace ya tiempo que viene por aquí». Los demás, bastante viejos para recordar la broma original, nos reímos con ganas, un meme que llevaba propagándose casi medio siglo. Cuesta no amar un lugar, aunque solo sea un poco, donde sabes que los chistes pueden perdurar cuarenta y cinco años.

16

Mirar hacia atrás y hacia delante

Tengo setenta y dos años y durante cincuenta me he dedicado al estudio de la biología evolutiva, una combinación de teoría social –basada en la selección natural– y genética, la verdadera columna vertebral de toda vida. He tenido la suerte de ayudar a sentar las bases de una gran variedad de florecientes subdisciplinas, desde el altruismo recíproco y el conflicto padres-hijos hasta el conflicto genético dentro del individuo y el autoengaño. A lo largo de los años dedicados a esta labor, he conocido a seres extraordinarios, algunos de los cuales fueron mis maestros. También he llegado a conocer íntimamente a muchos animales no humanos. Y he «disfrutado» de una cantidad inusual de experiencias cercanas a la muerte, en parte debido a mi tendencia a los desacuerdos interpersonales acalorados a altas horas de la noche.

No obstante, cuando rememoro este espectáculo, hay una cosa que lamento: la ausencia de introspección. Sí, he vivido la vida y la he estudiado, pero ¿he estudiado mi propia vida? Una y otra vez llego a la respuesta: «No». En todo caso, ¿qué vida es más importante para ti, la tuya o la de los otros? «Eres un autoengañador», me decía con sorna mi primera esposa. «Hablas mucho del conflicto padres-hijos, pero desatiendes a tu propio hijo.» Me declaro culpable del delito imputado: ser demasiado ambicioso y pensar poco en mi familia, esposa, hijos y yo mismo.

Las decisiones importantes de mi vida, como la de adónde ir cuando decidí abandonar Harvard en 1978, las tomé sin pensarlo demasiado ¿Qué tal una cátedra en la Universidad de Nuevo México o una oferta interesante de la Universidad de Rochester, con su prestigioso departamento de biología? Siempre zanjé este tipo de cuestiones tras echarles apenas un vistazo. En este caso, lo que hice fue simplemente ir a la Universidad de California, en Santa Cruz, porque mi esposa y yo habíamos pasado un agradable fin de semana con Burney LeBoeuf, su mujer y sus elefantes marinos. Recuerdo incluso farfullar para mis adentros en más de una ocasión: «Bueno, dejaré que el piloto automático se ocupe de este problema o del otro». ¿El piloto automático? ¿Para decidir en cuál de las tres universidades y ciudades quieres vivir durante los siguientes quince años? Por definición, el piloto automático es lo contrario de la introspección y la evaluación realizadas de forma consciente y cuidadosa, es lo que usas cuando el camino que debes seguir está claro y no hace falta ninguna reflexión racional.

Veamos un pequeño hecho que yo no conocía. El océano Atlántico llega a la costa Este desde los trópicos, por lo que cerca de Boston está lo bastante caliente para poder bañarte en él durante el verano. Pero el océano Pacífico llega desde el Ártico; has de ir casi hasta Los Ángeles para que la temperatura te permita meterte en el agua. Enseguida me imaginé veranos felices en Santa Cruz, nadando con mis hijos en esa ciudad costera. En cambio, lo que recuerdo con gran nitidez son días penosos en el primer verano, mis hijos y yo cubiertos de arena bajo el sol, pues el agua estaba tan fría que volvía el aire gélido. Solo yo me atrevía a mojarme, lanzándome, sumergiéndome y volviéndome atrás. Había aprendido a nadar en las frías aguas de Dinamarca, donde solo podías quedarte un momento y salir enseguida. En Santa Cruz, mis hijos apenas eran capaces de dar un paso dentro del agua, de modo que una tercera parte del atractivo del lugar era un espejismo. Durante siete años apenas fuimos al mar.

Bob, la buena planificación hace que el frío invernal de Rochester sea mucho más soportable, ¿no? Sobre todo cuando un amigo íntimo y gran biólogo (que también nos había recibido calurosamente en su casa a mi mujer y a mí) había estado dispuesto a crear un puesto importante para que yo lo ocupara. ¿Y cuál era el problema con Nuevo México? Me había pasado el verano trabajando en Alburquerque como peón en la construcción del estadio de fútbol de la universidad. ¿Había demasiados mexicanoamericanos para que yo lo considerase un lugar conveniente para nosotros? Pues entonces, ¿por qué un hombre casado con una jamaicana escogería una ciudad con un uno por ciento de afroamericanos? ¿Solo porque Huey Newton se presentó delante de mí como estudiante de posgrado en Santa Cruz? Para mí, Santa Cruz fue una desastrosa elección de dieciséis años, y desde entonces tengo un matrimonio roto, una familia rota y un récord de improductividad para demostrarlo. Vale, llegué a conocer y hacerme amigo de Huey Newton y disfruté siendo un Pantera Negra, y sin duda también viviendo experiencias cercanas a la muerte de las que no sabía nada. Pero ¿compensó esto la devastación en mi vida y mi familia; el salario, el respaldo a las investigaciones, los colegas, el entorno social y la productividad personal inadecuados o insuficientes? Lo tenía bien merecido: si no analizas detenidamente un problema, no debes sorprenderte si más adelante parece que nadie lo ha analizado detenidamente.

Los habitantes de Santa Cruz eran tan despreocupados que cuando yo regresaba de dar conferencias en el medio oeste y la costa Este, me daba la sensación de caminar sonámbulos, de tan despacio como se movían. Si enlazas tres frases según un orden lógico, acaso alguien levante la mano y diga: «Eh, un momento, hermano, apártate un poco, estás invadiendo mi espacio personal». Hay un chiste clásico sobre californianos del norte en que una mujer conoce a un hombre en un bar. La mujer dice: «¿En tu casa o en la mía?». Y el hombre contesta: «Eh, mira, si esto va a ser una complicación, mejor nos olvidamos».

Recuerdo una vez en que había ido a dar una charla a Harvard mientras aún vivía en Santa Cruz. El público estaba formado por unas ochenta personas y a mitad de exposición reparé en que a las mujeres del este les atraían los hombres inteligentes. ¡Ahí se me presentaba una oportunidad!, algo pertinente sobre todo ahora que mi matrimonio estaba desmoronándose. No tenía ninguna mujer en Santa Cruz, si exceptuamos Oakland, que quedaba muy lejos. Las personas que pudiera haber conocido en Rochester se habrían parecido mucho más a las de Boston que a las de Santa Cruz, sin duda.

Podría mencionar otras «decisiones» importantes, y también numerosas ocasiones en que, por inconsciencia o miedo, no actué con arreglo a mis principios. Menos mal que no recuerdo muchas, quizá veinte en total. Pero todavía escuecen.

El camino para avanzar

¿Cuál es el camino para avanzar? En ese camino nos encontramos con un obstáculo y una esperanza. El obstáculo es el autoengaño, una fuerza poderosa con una inmensa capacidad repetitiva. La esperanza es que, si llegamos a hacernos conscientes de los propios autoengaños y de posibles métodos para evitarlos, podemos hacer verdaderos progresos contra esta fuerza negativa. En los últimos años, esto es lo que he intentado hacer.

Uno de los pocos autoengaños que he sido capaz de eliminar concierne al orden en que busco algo perdido. Veamos dos estrategias opuestas. En la primera, buscas primero donde más esperas encontrar el objeto en cuestión, luego pasas al segundo sitio más probable, luego al tercero y así sucesivamente. Esta es la estrategia racional: maximiza las probabilidades de éxito al tiempo que minimiza los costes. Ahora imagina el proceso al revés. Primero buscas donde menos esperanzas tienes de encontrar la cosa, luego pasas al segundo lugar menos esperado, y así sucesivamente hasta llegar al que ofrece mejores expectativas. Por lo que recuerdo, he utilizado casi únicamente esta segunda estrategia.

No obstante, durante muchos años, aun siendo consciente de que mi estrategia era contraintuitiva, no me paré a pensar en por qué actuaba así. Tan pronto lo hice, la respuesta fue bastante clara. Mi padre solía castigarme con severidad cada vez que no encontraba algo suyo o mío. Eso creó en mí un miedo, y la estrategia «primero lo menos probable» me brindó una protección psicológica inmediata contra el creciente terror. Si primero miraba en el lugar más probable y el objeto no estaba allí, me enfrentaría con la evidencia de que, en lo sucesivo, cada vez sería menos probable que lo encontrara. Pero si adoptaba la estrategia inversa y no lo encontraba donde era menos probable que estuviera, el siguiente lugar solo podía ser *más* prometedor. Conservaría la esperanza hasta el final, momento en el cual el objeto extraviado estaría allí (alivio) o no (terror, aunque al menos aplazado todo lo posible).

Desde que caí en la cuenta de esto, me he obligado a mí mismo a pasarme a la estrategia racional pese a que el primer impulso sigue siendo iniciar el camino equivocado. Apenas me pongo a buscar en los sitios más improbables, me paro y digo: «No, vamos a mirar donde es *más* probable que esté». Parece que cuanto más practico el sistema, mejor funciona.

¿Y qué hay de la autoadmiración reiterativa? Tengo un repertorio de entre sesenta y setenta chistes desde hace muchos años, sobre personalidades y situaciones, que, con el tiempo, he ido perfeccionando a partir de una muestra más amplia. Si están bien contados, casi siempre divierten al público, incluyéndome a mí. Sin embargo, estoy aquí mirando este espectáculo y digo: «¿Puedes cerrar la puta boca para variar? ¿Quieres de veras desperdiciar los dos minutos siguientes escuchando esto por enésima vez? ¿Por qué no miras si alguien más tiene algo interesante que decir?». Es una conducta fácil de cambiar. Ahora que empiezo con uno de los clásicos del pasado, puedo aislarme y decirle a la otra persona: «Da igual, ¿qué estabas diciendo?».

Una forma más costosa de autoengaño implica a mi lado malo. Si alguien me dice algo ofensivo, quiero devolver el golpe. Si no llego a hacerlo porque soy lento o me siento cohibido, cada vez que el episodio reaparezca en mi mente, me torturaré a mí mismo, a veces durante años, con el rollo que debía haber soltado entonces y que acaso suelte ahora, a todo volumen, solo en mi apartamento, lejos.

Sin embargo, una respuesta vengativa no suele ser lo mejor. Es fácil que dé lugar a una réplica resentida, y tú y tu interlocutor acabéis escaleras abajo. En mi interior se oyen dos voces. «Bob –grita una–, en el pasado has cometido este error 630 veces y lo has lamentado todas y cada una de ellas. Esta vez podrías desistir de hacerlo.» Pero luego suena una voz más fuerte: «No, Bob, *esta* vez es diferente»; y ahí viene la 631.

Para mí fue una revelación descubrir recientemente el valor de los amigos para romper este círculo vicioso. Le hablaba a uno sobre un desagradable mensaje que había recibido de una mujer y la desagradable respuesta que deseaba enviarle. Él quiso saber por qué. Porque, contesté yo, ella dijo esto, lo otro y lo de más allá, y me hizo daño. Esa era la clave. A mi amigo este argumento le dejó indiferente. Como no había sufrido mi dolor interno, se quedaba igual. Para él solo había tres cosas importantes: el mensaje de ella, mi posible respuesta y las probables consecuencias de la misma. La consecuencia más probable era que ella escribiera una nota aún más desabrida, y yo me sintiera aún más distanciado sin un motivo claro. ¿Por qué querría hacer una cosa así? Sí, por qué. Otra vez la Falacia del Concorde: actúas movido por tu resentimiento; pese a haber hecho una inversión que ya no recuperarás, doblas la apuesta. Lo mejor es no hacer nada, por supuesto.

También he estado haciendo un esfuerzo por analizar de verdad y con calma las decisiones importantes cuando debo tomarlas. En esos casos, me obligo a parar, descansar, quizá incluso tumbarme y meditar. Después confecciono listas, pienso, descanso de nuevo. Se acabó el piloto automático. Se acabó decir aquello de

«Oh, hacer mi trabajo es más importante que estas nimiedades», pues la vida se compone de nimiedades así. Aunque sea solo para los ocho últimos años de mi vida, estoy intentando abandonar esta estupidez del autoengaño y vivir una existencia más consciente, una existencia en la que estudie con mayor esmero mi vida real, y ojalá eso me sirva para disfrutarla con más plenitud.

Como es lógico, pienso seguir trabajando. Ya llevo veinte años con mi proyecto jamaicano sobre la simetría, y ahora hemos puesto de manifiesto que la simetría de la rodilla es una variable clave en el éxito de los velocistas. Podemos utilizarla para pronosticar el éxito dentro de catorce años, así como predecir, entre los velocistas de élite jamaicanos, quiénes serán los mejores. No fundaré subdisciplinas nuevas. Mis contribuciones teóricas adoptarán más bien la forma de artículos de revisión. Actualmente estoy acabando uno sobre la selección de las especies. Después de todos estos años, nadie se ha tomado la molestia de proponer un relato coherente sobre las diversas circunstancias en que las especies prosperan y generan otras nuevas, o fracasan y se extinguen. Esto se debe en parte a que Stephen Gould despojó al tema de sus propios usos y retrasó unos veinte años el desarrollo de una ciencia. Estoy tratando de ayudar a crear la lógica subyacente, lo que él no hizo.

¿Experiencias cercanas a la muerte? Veamos. Hace poco otros dos perros míos fueron envenenados, casi seguro por la misma persona que había envenenado los cuatro anteriores. ¿Qué hace falta para impedir estos asesinatos ilegales, que en última instancia amenazan mi propia seguridad, puesto que los perros constituyen mi primera línea de defensa? El tiempo lo dirá. Entretanto, en este libro apenas he mencionado la reproducción personal, y ello a pesar de que tengo cinco hijos y nueve nietos que ocupan una creciente proporción de mi tiempo. Así pues, en mi vida quizás hay dos fuentes de alegría: mis hijos y nietos, y la ininterrumpida capacidad de la ciencia para generar hechos y enfoques nuevos y apasionantes.

Con respecto a los nietos, he tocado el cielo de George Williams consistente en una inversión escasa o nula combinada con el placer derivado de la compañía de un conjunto de seres emparentados, cambiantes y llenos de energía, que se desarrollan gracias al trabajo de mis hijos, no del mío. Y aquí he notado algo totalmente nuevo. No es solo que esté emparentado con mis hijos en un cincuenta por ciento y, por tanto, espere invertir en consecuencia. Este parentesco también significa una semejanza genética relativamente elevada. Una y otra vez obtengo un placer especial de mis hijos al compartir bromas, maneras de ver las cosas, lógicas, ideas políticas; creo que gran parte de esta comunicación procede de la similitud genética en las posiciones cromosómicas pertinentes. Tenemos una mayor probabilidad de disfrutar de las mismas bromas, desde luego, ¿acaso no somos iguales en un cincuenta por ciento en los genes en los que cabe esperar variación? Sin embargo, ya no veo el mismo patrón en mis nietos, con quienes solo me une una probabilidad del veinticinco por ciento de que compartamos los mismos genes. Muchas semejanzas genéticas, pero muchas más diferencias.

Planes de entierro

Bill Hamilton describió cómo le gustaría ser enterrado en términos apasionados y poéticos, y las secuelas que ello tendría desde el punto de vista biológico. Moriría en la selva pluvial brasileña, su cuerpo sería escarbado por escarabajos enterradores, que más tarde echarían a volar como escarabajos zumbantes «hacia la salvaje naturaleza amazónica, entre las estrellas». Sin embargo, esto no iba a suceder. Murió en el Reino Unido y fue enterrado en Wytham, Oxford. Hizo falta que el amor de la segunda mitad de su vida, Luisa, añadiera la poesía de la visión de Bill, recurriendo a su teoría de la «dispersión de las bacterias mediante las nubes» a fin de que «a la larga, una gota de lluvia se una a ti en la inundada selva del Amazonas».

Yo no soy W. D. Hamilton, y mi plan de entierro es muy sencillo. Si me encontráis muerto fuera de Jamaica, tened la amabilidad de incinerarme. Es barato y se puede hacer en cualquier sitio. Si estoy en Jamaica, cavad un hoyo circular bajo mi gran árbol favorito de la pimienta, de un metro de anchura y al menos tres de profundidad, y metedme de cabeza. Arrojad un poco de tierra y ya está. Nada de placas, por favor. No llegaré a ser un brillante escarabajo escarbador y zumbante ni una nube bacteriana, solo unas cuantas bayas de pimienta cuando sea la temporada. Añado los detalles de la colocación del cuerpo sobre todo para fastidiar a mis amigos jamaicanos. Ellos creen que yo debería descansar cómodamente en un ataúd, a ser posible uno caro. Pero si me hacen caso –seguro que se preguntan qué problema hay en enterrarme de pie– y no pueden soportar pensar en la tensión de mi cuello cabeza abajo, les invito a considerar todas las bondades nutricionales de mi cerebro y la parte superior de mi cuerpo. Por debajo de mi cintura ya apenas queda nada de valor –pueden creerme–. Así que a cavar a fondo.

Agradecimientos

Doy las gracias a Yale Goldstein Love por su magnífico trabajo en la edición del libro. También a Robert Sacks por ayudarme con las fotografías, a Steve St. Pierre por la cubierta y a Justin Keenan por la maquetación de la edición original en inglés. Gracias asimismo a Jeffrey Epstein por aportar muy pronto una idea de cómo se podían organizar los capítulos, y a las Fundaciones Ann and Gordon Getty y Enhanced Learning por su apoyo.